REVUE SEMESTRIELLE DES PUBLICATIONS MATHÉMATIQUES

VEREENIGD MET

JAHRBUCH ÜBER DIE FORTSCHRITTE DER MATHEMATIK

UITGEGEVEN DOOR DE
PREUSSISCHE AKADEMIE DER WISSENSCHAFTEN
MET BIJZONDERE MEDEWERKING VAN HET
WISKUNDIG GENOOTSCHAP TE AMSTERDAM

REDACTIE GEORG FEIGL, HENDRIK DE VRIES

REVUE SEMESTRIELLE DES PUBLICATIONS MATHÉMATIQUES

DEEL 37. JAARGANG 1932. NR. 6

WALTER DE GRUYTER & CO.

VORMALS G. J. GÖSCHEN'SCHE VERLAGSHANDLUNG — J. GUTTENTAG, VERLAGSBUCHHANDLUNG — GEORG REIMER — KARL J. TRÜBNER — VEIT & COMP.

BERLIN 1933 LEIPZIG

P. NOORDHOFF, GRONINGEN. — GAUTHIER-VILLARS & CIE., PARIS. — G. E. STECHERT & CO., NEW YORK

Inhoud Inhalt

Jedem Titel sind in Fettdruck die Gebietsmarken des „Jahrbuchs über die Fortschritte der Mathematik" (vor dem Semikolon) und der „Revue semestrielle des publications mathématiques" (hinter dem Semikolon) beigegeben. Bezüglich der Gebietsmarken der „Revue semestrielle" wird auf den Index der „Revue semestrielle" verwiesen; die des „Jahrbuchs" werden im folgenden angegeben:

I. Geschichte. Philosophie. Pädagogik. **1.** Geschichte. **2.** Philosophie. **3.** Pädagogik.

II. Mengenlehre. (Abstrakte Mengen. Punktmengen.)

III. Arithmetik und Algebra. **1.** Allgemeines. Elementare Arithmetik und Algebra. **2.** Kombinatorik. Determinanten und Matrizen. **3.** Theorie der algebraischen Gleichungen und der Polynome. **4.** Algebraische Theorie der Formen. **5.** Gruppentheorie und abstrakte Algebra. **6.** Elementare Zahlentheorie. **7.** Idealtheorie. **8.** Analytische Zahlentheorie. **9.** Diophantische Approximationen. Geometrie der Zahlen. Transzendente Zahlen.

IV. Analysis. **1.** Grundlagen und Allgemeines. **2.** Theorie der unendlichen Zahlenfolgen. **3.** Allgemeine Theorie der reellen Funktionen: **A.** Differentialrechnung. **B.** Integralrechnung. **C.** Neuere Theorie der reellen Funktionen. **D.** Trigonometrische Reihen und Verwandtes. **4.** Allgemeine Theorie der Funktionen komplexer Argumente. **5.** Konforme Abbildung und Uniformisierung. **6.** Besondere Funktionen: **A.** Elementare Funktionen. Die Γ-Funktion und verwandte Funktionen. **B.** Hypergeometrische Funktionen, Kugelfunktionen und verwandte Funktionen. **C.** Algebraische Funktionen und ihre Integrale. **D.** Elliptische Funktionen nebst Anwendungen. Elliptische Modulfunktionen. **E.** Hyperelliptische und Abelsche Funktionen. **F.** Automorphe Funktionen. **7.** Integralgleichungen. Funktionen von unendlich vielen Veränderlichen. Funktionalanalysis. **8.** Kontinuierliche Gruppen. Differentialinvarianten. Integralinvarianten. **9.** Gewöhnliche Differentialgleichungen. **10.** Randwertaufgaben bei gewöhnlichen Differentialgleichungen. Entwicklungssätze. **11.** Differenzenrechnung. Analytische Theorie der Kettenbrüche. **12.** Partielle Differentialgleichungen. **13.** Potentialtheorie. Theorie der partiellen Differentialgleichungen vom elliptischen Typus. **14.** Parabolische und hyperbolische Differentialgleichungen. **15.** Variationsrechnung. **16.** Wahrscheinlichkeitsrechnung und Anwendungen. **17.** Praktische Analysis.

V. Geometrie. **1.** Allgemeines. Grundlagen der Geometrie. **2.** Topologie. **3.** Elementargeometrie. **4.** Darstellende Geometrie. **5.** Algebraische Geometrie: **A.** Allgemeines. Birationale Transformationen. **B.** Kurven zweiten Grades. **C.** Ebene algebraische Kurven. **D.** Flächen zweiten Grades. **E.** Algebraische Raumkurven, Flächen und Liniensysteme. **F.** Algebraische Gebilde in Räumen von mehr als drei Dimensionen. **6.** Differentialgeometrie: **A.** Allgemeines. Differentialgeometrie in der Euklidischen Ebene. **B.** Differentialgeometrie im dreidimensionalen Euklidischen Raum. **C.** Differentialgeometrie in mehrdimensionalen und allgemeinen Räumen. **D.** Konvexe Punktmengen. **7.** Vektor- und Tensorrechnung. **8.** Geometrische Optik.

VI. Mechanik. **1.** Allgemeines. **2.** Kinematik. **3.** Statik und Dynamik. **4.** Mechanik der Kontinua: **A.** Elastizitäts- und Festigkeitslehre. **B.** Hydrostatik und Hydrodynamik. Hydraulik. Aerodynamik.

VII. Mathematische Physik. **1.** Allgemeines. **2.** Relativitätstheorie. **3.** Quantentheorie.

VIII. Geodäsie und Geophysik. Astronomie. **1.** Geodäsie und Geophysik. **2.** Astronomie: **A.** Allgemeines. Sphärische Astronomie. **B.** Himmelsmechanik. **C.** Astrophysik.

REVUE SEMESTRIELLE DES PUBLICATIONS MATHÉMATIQUES

VEREENIGD MET

JAHRBUCH ÜBER DIE FORTSCHRITTE DER MATHEMATIK

UITGEGEVEN DOOR DE
PREUSSISCHE AKADEMIE DER WISSENSCHAFTEN
MET BIJZONDERE MEDEWERKING VAN HET
WISKUNDIG GENOOTSCHAP TE AMSTERDAM

REDACTIE GEORG FEIGL, HENDRIK DE VRIES

REVUE SEMESTRIELLE DES PUBLICATIONS MATHÉMATIQUES

DEEL 37. JAARGANG 1932

WALTER DE GRUYTER & CO.
VORMALS G. J. GÖSCHEN'SCHE VERLAGSHANDLUNG — J. GUTTENTAG, VERLAGSBUCHHANDLUNG — GEORG REIMER — KARL J. TRÜBNER — VEIT & COMP.
BERLIN 1932—33 LEIPZIG

P. NOORDHOFF, GRONINGEN. — GAUTHIER-VILLARS & CIE., PARIS. —
G. E. STECHERT & CO., NEW YORK

Inhoud Inhalt

Die Gebietsmarken des „Jahrbuchs über die Fortschritte der Mathematik“:

I. Geschichte. Philosophie. Pädagogik. **1.** Geschichte. **2.** Philosophie. **3.** Pädagogik.

II. Mengenlehre. (Abstrakte Mengen. Punktmengen.)

III. Arithmetik und Algebra. **1.** Allgemeines. Elementare Arithmetik und Algebra. **2.** Kombinatorik. Determinanten und Matrizen. **3.** Theorie der algebraischen Gleichungen und der Polynome. **4.** Algebraische Theorie der Formen. **5.** Gruppentheorie und abstrakte Algebra. **6.** Elementare Zahlentheorie. **7.** Idealtheorie. **8.** Analytische Zahlentheorie. **9.** Diophantische Approximationen. Geometrie der Zahlen. Transzendente Zahlen.

IV. Analysis. **1.** Grundlagen und Allgemeines. **2.** Theorie der unendlichen Zahlenfolgen. **3.** Allgemeine Theorie der reellen Funktionen: **A.** Differentialrechnung. **B.** Integralrechnung. **C.** Neuere Theorie der reellen Funktionen. **D.** Trigonometrische Reihen und Verwandtes. **4.** Allgemeine Theorie der Funktionen komplexer Argumente. **5.** Konforme Abbildung und Uniformisierung. **6.** Besondere Funktionen: **A.** Elementare Funktionen. Die Γ-Funktion und verwandte Funktionen. **B.** Hypergeometrische Funktionen, Kugelfunktionen und verwandte Funktionen. **C.** Algebraische Funktionen und ihre Integrale. **D.** Elliptische Funktionen nebst Anwendungen. Elliptische Modulfunktionen. **E.** Hyperelliptische und Abelsche Funktionen. **F.** Automorphe Funktionen. **7.** Integralgleichungen. Funktionen von unendlich vielen Veränderlichen. Funktionalanalysis. **8.** Kontinuierliche Gruppen. Differentialinvarianten. Integralinvarianten. **9.** Gewöhnliche Differentialgleichungen. **10.** Randwertaufgaben bei gewöhnlichen Differentialgleichungen. Entwicklungssätze. **11.** Differenzenrechnung. Analytische Theorie der Kettenbrüche. **12.** Partielle Differentialgleichungen. **13.** Potentialtheorie. Theorie der partiellen Differentialgleichungen vom elliptischen Typus. **14.** Parabolische und hyperbolische Differentialgleichungen. **15.** Variationsrechnung. **16.** Wahrscheinlichkeitsrechnung und Anwendungen. **17.** Praktische Analysis.

V. Geometrie. **1.** Allgemeines. Grundlagen der Geometrie. **2.** Topologie. **3.** Elementargeometrie. **4.** Darstellende Geometrie. **5.** Algebraische Geometrie: **A.** Allgemeines. Birationale Transformationen. **B.** Kurven zweiten Grades. **C.** Ebene algebraische Kurven. **D.** Flächen zweiten Grades. **E.** Algebraische Raumkurven, Flächen und Liniensysteme. **F.** Algebraische Gebilde in Räumen von mehr als drei Dimensionen. **6.** Differentialgeometrie: **A.** Allgemeines. Differentialgeometrie in der Euklidischen Ebene. **B.** Differentialgeometrie im dreidimensionalen Euklidischen Raum. **C.** Differentialgeometrie in mehrdimensionalen und allgemeinen Räumen. **D.** Konvexe Punktmengen. **7.** Vektor- und Tensorrechnung. **8.** Geometrische Optik.

VI. Mechanik. **1.** Allgemeines. **2.** Kinematik. **3.** Statik und Dynamik. **4.** Mechanik der Kontinua: **A.** Elastizitäts- und Festigkeitslehre. **B.** Hydrostatik und Hydrodynamik. Hydraulik. Aerodynamik.

VII. Mathematische Physik. **1.** Allgemeines. **2.** Relativitätstheorie. **3.** Quantentheorie.

VIII. Geodäsie und Geophysik. Astronomie. **1.** Geodäsie und Geophysik. **2.** Astronomie: **A.** Allgemeines. Sphärische Astronomie. **B.** Himmelsmechanik. **C.** Astrophysik.

A. Periodieke Publicaties.

Periodische Veröffentlichungen.

Anales de la Sociedad científica Argentina. 114, 1-4.

J. C. Vignaux. Sobre el método de sumación exponencial. 62-69. **IV 2; D 2 a η.**

C. Dieulefait. Sobre una nueva introducción de los polinomios de Legendre de los de Ch. Jordan y definición de un nuevo polinomio ortogonal que cumple determinadas condiciones. 196-198. **IV 6 A; D 1 b.**

Annales de la Société Scientifique de Bruxelles. 52. Série A. Sciences mathématiques. 1-3.

F. Simonart. Rôle d'une représentation paramétrique dans l'intégration des équations différentielles. 6-16. **IV 9; H 2.**

C. de la Vallée Poussin. Mouvement quasi pendulaire du pendule sphérique. 16-22. **VI 8; R 7 g α.**

R. de Montessus de Ballore. Statistique mathématique. Problèmes de degrés supérieurs. 22-26. **IV 16; J 2 d.**

A. Rome. Notes sur les passages des catoptriques d'Archimède conservés par Théon d'Alexandrie. 30-41. **I 1; V 8.**

P. Humbert. Sur les comètes de 389 et 390. 41-47. **I 1; V 5.**

R. Coenen. L'équation $E(-m, -n)$ et les surfaces tetraédrales. 47-59. **V 6 B; O[1] 5.**

R. Coenen. Courbes à torsion constante. 59-65. **V 6 B; O[1] 3 e.**

M. d'Ocagne. Exemple de cubature s'effectuant au moyen des intégrales elliptiques de Legendre. 65-66. **IV 6 D; F 8 f.**

M. d'Ocagne. Sur la polaire généralisée. 66-68. **V 5 B, C; L[1] 2, M[1] 1 c.**

G. Verriest. Sur les équations dont le groupe de Galois par rapport à un corps donné est imprimitif. 68-69. **III 8; A 4.**

R. de Montessus de Ballore. Statistique mathématique. Les moments partiels du second ordre de la fonction binomiale. 70-82. **IV 16; J 2 d.**

C. de la Vallée Poussin. Mouvement quasi pendulaire dans le vide à la surface de la terre. Pendule de Foucault. 83-98. **VI 8; R 7.**

F. Silverijser. Les autographes inédits de Wendelin à la Bibliothèque de Bruges. 99-268. **I 1; V 6, 7.**

Série B. Sciences physiques et naturelles. 1-2.

A. Biot. Sur la dioptrique des oculaires. 5-14. **V 8; T 8 a.**

P. Drumaux. Sur la limite de fréquence des radiations. 14-20. **VII 8; T 8 f.**

M. Biot. Propriété générale des systèmes élastiques soumis à impulsion transitoire. 49-53. **VI 4 A; T 2.**

M. Biot. Sur les extrèmes de la pression dans un fluide incompressible. 53-54. **VI 4 B; S 2.**

A. Biot. Méthode pour la détermination des défauts de planéité des surfaces. 54-58. **V 8; T 8 a.**

A. Biot. Sur une méthode de détermination des indices de réfraction. 58-60. **V 8; T 8 a.**

Mathesis. 46, 7.

R. Deaux. Sur la transformation circulaire directe. 264-282. **V 5 A; P[1] 8.**

H. Germay. Sur les fonctions de Riemann, associées aux équations intégro-différentielles linéaires. 282-293. **IV 7; H 11 c.**

B. Umé. Congruence des tangentes à des géodésiques d'une surface développable. 294-305. **V 6 B; O^1 5 l.**

A. M. De la réciprocité entre deux espaces superposés à trois dimensions. 306-313. **V 5 A; P^1 2.**

L. Meurice. Cercles associés à un triangle. 314. **V 8; K^1 2.**

V. Thébault. Géométrie du tétraèdre. 314-315. **V 8; K^1 13.**

R. Goormaghtigh. Sur les points de Feuerbach. 315. **V 8; K^1 2 c.**

V. Thébault. Sur l'orthopôle et le point de Feuerbach. 315-316. **V 8; K^1 2 c.**

M. J. Leemans. Sur une famille de triangles triplement homologiques et triplement métaparallèles. Supplément, 16 p. **V 8; K^1 2.**

V. Thébault. Contribution à la géométrie du triangle. Supplément, 12 p. **V 8; K^1 2.**

Revue des Questions scientifiques. (4) 21, 3.

A. Grégoire. Les géométries non-euclidiennes. 361-400. **V 1; Q 1.**

(4) 22.

F. Kaisin. † Le chanoine Achille Salée. 1883-1932. 1-29. **I 1; V 10 a.**

Ch. Poisson. Quelques problèmes de la météorologie contemporaine. 74-96. **VIII 1; U 10.**

H. Dopp. Le rayonnement ultrapénétrant. (Revue des recueils périodiques. I. Physique.) 97-140. **VII 8; T 8 f.**

J. Kampé de Fériet. Les rides, les vagues et la houle. 181-229. **VI 4 B; S 2.**

M. M. S. Navarro. Le R. P. Richard Cirera, S. J. †. 431-436. **I 1; V 10 a.**

Bulletin of the Academy of Sciences of the United Provinces of Agra and Oudh. Allahabad, India. 1.

P. L. Srivastava. A theorem on integral functions. 43-44. **IV 4; $\overline{D}$ 3.**

A. Weil. On systems of curves on a ring-shaped surface. (Abstract.) 80-81. **IV 9; H 2.**

P. L. Srivastava, S. P. Jain. A generalization of a theorem of Wigert. 104-109. **IV 4; $\overline{D}$ 3.**

D. D. Kosambi. On a generalization of the second theorem of Bourbaki. 145-147. **V 6 C; O^2.**

Bulletin of the Calcutta Mathematical Society. 24, 2.

J. S. Sharma. On Lamé's functions with complex parameters. 61-78. **IV 6 B; D 6.**

G. Chakrabartti. Growth and development of permutations and combinations in India. 79-88. **I 1; V 4 a.**

D. Banerjee. On the summation of infinite series of Legendre's functions. I. 89-94. **IV 8 D; D 2 b δ.**

N. K. Chatterjee. Note on the type of expanding universe recently proposed by Einstein and de Sitter. 95-98. **VIII 2 C; U 11.**

R. Garver. Concerning two square root methods. 99-102. **IV 17; X 1.**

The Science Reports of National Tsing Hua University. A 1, 5.

C. Y. Chao. Absorption and scattering of hard γ-rays. 159-176. **VII 8; T 8 f.**

Y. H. Woo. Note on scattering of X-rays by diatomic gases. 177-180. **VII 8; T 8 f.**

F. Y. Tsai. On Maxwell's principle of reciprocal deflections. 205-207. **VI 4 A, VII 1; T 2, 3.**

Matematisk Tidsskrift. B: Den mere videnskabelige Afdeling. 1932, 3-4.

H. Bohr, B. Jessen. To nye simple Beviser for Kroneckers Sætning. 53-58. **III 9; B 12.**

B. Jessen. Eine Integrationstheorie für Funktionen unendlich vieler Veränderlichen, mit Anwendungen auf das Werteverteilungsproblem für fastperiodische Funktionen, insbesondere für die Riemannsche Zetafunktion. 59-65. **IV 4, 7; $\overline{\text{D}}$ 3, D 6 i β, 2 b β.**

W. Fenchel. Elementare Beweise und Anwendungen einiger Fixpunktsätze. 66-87. **V 2; J 5 d.**

Fysisk Tidsskrift. 30, 4.

H. A. Kramers. Virkelighed og Begrebsdannelse. 103-118. **I 2; V 1 f.**

H. Petersen. Om Jordmagnetisme. 118-128. **VII 1; T 6.**

A. Menzinger. Differential-Lufttryksmaalinger. 128-131. **I 3; V 1 a ν.**

Abhandlungen aus dem Mathematischen Seminar der Hamburgischen Universität. 9, 2.

W. Blaschke, G. Howe. Topologische Fragen der Differentialogemetrie. 39: Über das Tangentengeflecht einer ebenen Kurve vierter Klasse. 95-101. **V 6 A, O^1 2 b.**

G. Bol. Topologische Fragen der Differentialgeometrie. 40: Zur Theorie der Funktionen zweier komplexen Veränderlichen. 102-116. **IV 4, V 6 C; $\overline{\text{D}}$ 5, O^2.**

W. Burau. Über Zopfinvarianten. 117-124. **V 2; Q 3.**

W. Burau. Kennzeichnung der Schlauchknoten. 125-133. **V 2; Q 3.**

G. Lochs. Topologische Fragen der Differentialgeometrie. 42: Die Jordankurve im Kurvennetz. 134-146. **V 6 A; O^1 2.**

H. Kneser. Topologische Fragen der Differentialgeometrie. 43: Gewebe und Gruppen. 147-151. **V 6 A; O^1 2.**

E. R. van Kampen. Berichtigung zu: „Komplexe in euklidischen Räumen". 152-153. **V 2; Q 3.**

F. Levi, B. L. van der Waerden. Über eine besondere Klasse von Gruppen. 154-158. **III 5; J 4.**

S. Iyanaga. Über den Wertvorrat des Normenrestsymbols. 159-165. **III 5; B 12.**

W. Blaschke, G. Howe. Topologische Fragen der Differentialgeometrie. 44: Über die Tangenten einer ebenen algebraischen Kurve. 166-172. **V 6 A; O^1 2.**

E. Kähler. Über eine bemerkenswerte Hermitesche Metrik. 173-186. **IV 3, V 6 C; C 4, O^2.**

L. Goeritz. Die Heegaard-Diagramme des Torus. 187-188. **V 2; Q 3.**

Annalen der Physik. (5) 15.

W. Meyer zur Capellen. Die Theorie des Frahmschen Schwingungsdaueranzeigers. 1-27. **VI 4 A; T 2.**

R. Gans. Über das magnetische Verhalten isotroper Ferromagnetika. 28-44. **VII 1, 3; T 6, 1 c.**

M. Trautz. Die Reibung, Wärmeleitung und Diffusion in Gasmischungen. XXI: Absoluter η-Wirkungsquerschnitt, molekulartheoretische Bedeutung der kritischen Temperatur und Berechnung kinetischer Drucke aus η. 198-218. **VII 1; T 4.**

H. Benecke. Über die günstigste Raumdämpfung. 259-272. **VI 4 A; T 2 c.**

N. W. McLachlan. Verteilung der Schallstrahlung von Kreisscheiben mit Knotenlinien. 422-439. **VI 4 A; T 2.**

N. W. McLachlan. Die ausgestrahlte Schalleistung von Kreisscheiben mit Knotenlinien. 440-454. **VI 4 A; T 2 c.**

E. Goens. Über die Biegungs- und Drillungsschwingungen eines dünnen kreiszylindrischen Kristallstabes von beliebiger kristallographischer Orientierung. 455-484. **VI 4 A; T 2.**

R. Kollath. Der Einfluß der Winkelverteilung gestreuter Elektronen auf die Messung des Wirkungsquerschnitts. 485-515. **VII 8; T 8 f.**

R. Gans, J. v. Harlem. Widerstandsänderung ferromagnetischer Kristalle. 516-526. **VII 1; T 6.**

C. Münster. Unähnliche Abbildung und Ausmessung von Nichtselbstleuchtern. Ein Beitrag zum Aequivalenzprinzip. 619-644. **V 8; T 3 a.**

G. Braun. Die ebene kompressible Potentialströmung als Variations- und Eigenwertproblem. 645-676. **VI 4 B, IV 15; S 2, 3.**

M. Rössiger. Die elastischen Schwingungen einer Masse, die durch eine Blattfeder gehalten wird. 735-740. **VI 4 A; T 2.**

N. Akulov, N. Brüchatov. Über eine Methode zur quantitativen Untersuchung der Walztextur. 741-749. **VII 1; T 6.**

R. L. Rosenberg. Wirkungsquerschnitte von Atomen gegenüber langsamen und schnellen Elektronen. 757-786. **VII 8; T 1 c.**

F. Kuhn. Die Potentialdifferenz zwischen glühenden Wolframelektroden verschiedener Temperatur. 825-841. **VII 1; T 4.**

E. L. Lederer. Durchgang der Elektrizität durch metallische Haardrähte. 842. **VII 1; T 7.**

W. O. Schumann. Stromleitung in einem Dielektrikum, in dem die Stromionen aus einer Elektrode stammen. 843-860. **VII 1; T 5, 7.**

J. Fischer. Zur Berechnung von Strahlungsempfängern. 861-880. **VII 1; T 7, 4b.**

J. Picht. Beiträge zur Theorie der geometrischen Elektronenoptik. 926-964. **V 8, VII 8; T 3 a, f.**

Astronomische Nachrichten. 244, 5843-5856.

H. Siedentopf. Der Polytropenindex im Sterninnern. 273-280. **VIII 2 C; U 11.**

P. V. Neugebauer. Eine Konjunktion von Mond und Venus aus dem Jahre 418 und die Akzeleration von Sonne und Mond. 305-308. **VIII 2 A; U.**

W. Noll. Gibt es in der Natur bevorzugte Bewegungszustände? (Physikalisches Relativitätsproblem.) 337-350. **VII 2; T 1 a.**

N. Mikhalsky. Perturbations of the planet 659 Nestor by Uranus and Neptune. 361-368. **VIII 2 B; Ū 9.**

K. Stumpff. Über eine kurze Methode der Bahnbestimmung. 433-464. **VIII 2 B; Ū 9.**

245.

D. Starke. Der Reibungskoeffizient im Innern überdichter und aus stark entarteter Materie bestehender Sterne bei Berücksichtigung der relativistischen Korrektionen. 1-6. **VIII 2 C; U 11.**

W. Krat. Über das Strahlungsgleichgewicht der Sternatmosphäre. 5-8. **VIII 2 C; U 11.**

N. Boneff. Über das sogenannte Punctum Aequantis und den wahrscheinlichen Ursprung der Trojaner. 19-32. **VIII 2 B; Ū 9.**

H. Siedentopf. Untersuchungen zur Theorie der periodischen Veränderlichen. 85-118. **VIII 2 C; U 11.**

K. Pilowski. Über das Inertialsystem der Stellarastronomie und zur Frage nach der Verbesserung der Präzessionskonstante. 121-146. **VIII 2 C; U 11.**

H. Kobold. Paul Harzer. 159-164. **I 1; V 10 a.**

A. Wilkens. Untersuchungen zur Theorie der Jupitergruppe. 229-264. **VIII 2 B; Ū 9.**

M. Martin. On the invariance of the characteristic exponents for periodic motions. 271-272. **VIII 2 B; Ū 9.**

H. Vogt. Die Expansion des Universums und ihr Einfluß auf die Entwicklung von kosmischen Objekten. 281-288. **VIII 2 C; U 11.**

W. Krat. Zum Strahlungsgleichgewicht der Sternatmosphären. 313-318. **VIII 2 C; U 11.**

S. Tscherny. Zur Frage über das zulässige Krümmungsmaß des Raumes. 323-324. **VIII 2 C; U 11.**

R. T. A. Innes. The advantage of the Gibbs ratios in determining the orbits of minor planets. 345-348. **VIII 2 B; Ū 9.**

P. Harzer. Vollkreis oder Speichenkreis. 361-372. **VI 4 A; T 2.**

246.

H. Klauder. Die Leuchtkraft-Masse-Beziehung eines rotierenden oder nicht kugelsymmetrisch aufgebauten Sterns. 1-2. **VIII 8 C; U 11.**

J. Goldberg. Zur Deutung des Einsteinschen Kastenexperiments. 3-4. **VII 2; T 1 a.**

W. Noll. Erwiderung zu dem vorstehenden Artikel. 3-6. **VII 2; T 1 a.**

M. La Rosa. Über die angebliche Realität der Lorentz-Kontraktion und die Bestimmung der absoluten Bewegung der Erde. 5-8. **VIII 2 C; U 11.**

H. Bucerius. Theorie des Objektivgitters. 33-48. **VII 1; T 8.**

E. W. Albrecht. Simultaneous time, latitude and meridian determination by a „Method of differences". 93-98. **VIII 2 A; U 10 b.**

G. Witt. Zur Berechnung der Koeffizienten der Störungsfunktion. 221-230. **VIII 2 B; Ū 9.**

A. Wilkens. Über die mehrfachen Lösungen bei der parabolischen Kometenbahnbestimmung. 253-268. **VIII 2 B; Ū 9.**

H. Schler. Dynamische Ursachen von Spektrallinienverschiebungen? 269-286. **VIII 2 C; U 11.**

W. Gleißberg. Interstellare Diffusion als Ursache der Farbenexzesse. 329-340. **VIII 2 C; U 11.**

H. Vogt. Über das in den Spiralnebeln geltende Kraftgesetz. 342-344. **VIII 2 C; U 11.**

H. Osten. Bemerkung zur Enzyklopädie der Mathematischen Wissenschaften betreffend spezielle Störungen. 407-408. **VIII 2 B; Ū 9.**

H. Klauder. Der Polytropenindex in rotierenden Sternen. 409-412. **VIII 2 C; U 11.**

R. T. A. Innes. The parabolic orbit. 431-432. **VIII 2 B; Ū 9.**

G. Armellini. Un teorema sul problema dei due corpi di masse decrescenti. 431-432. **VIII 2 B; Ū 9 a.**

W. Zessewitsch. Die Bestimmung der Winkelelemente der inneren Bewegung von Eros. 441-450. **VIII 2 B; Ū 9.**

Bayer. Blätter für das Gymasialschulwesen. 68, 5.

H. Reinhardt. Bemerkungen zum Beweise des Pythagoreischen Lehrsatzes. 321-322. **I 1, V 8; V 8, K' 8 c.**

J. E. Hofmann. Rein geometrische Behandlung einer nicht elementaren Kleinstwertaufgabe. 322-324. **V 5 B; K' 6.**

Ingenieur-Archiv. 3, 4.

G. Grüning. Die Nebenspannungen der prismatischen Faltwerke. 319-337. **VI 4 A; T 2.**

J. Stüper. Der durch einen Freistrahl hindurchgesteckte Tragflügel. 338-355. **VI 4 B; S 2.**

C. Schmieden. Über die Eindeutigkeit der Lösungen in der Theorie der unstetigen Strömungen. 356-370. **VI 4 B; S 2, 8.**

K. Ježek. Die Berechnung von Fachwerken nach einer Theorie zweiter Ordnung. 371-393. **VI 4 A; T 2.**

H. Alt. Zur Geometrie der Koppelrastgetriebe. 394-411. **VII 1; R 9 d.**

H. Ebner. Über Fachwerke mit gekreuzten Diagonalen. 412-431. **VI 4 A; T 2.**

S. Gradstein, W. Prager. Berichtigung zu unsrer Arbeit in Band II, Seite 622 des Ingenieur-Archivs „Beanspruchung und Formänderung von Stabwerken bei erzwungenen Schwingungen". 434. **VI 4 A; T 2.**

Jahresbericht der Deutschen Mathematiker-Vereinigung. 42, 5-8.

W. Threlfall. Räume aus Linienelementen. 87-110. **V 2; J 5 d.**

M. Brelot. Einige neuere Untersuchungen über das Dirichletsche Problem. 111-129. **IV 13; $\bar{\text{D}}$ 4 c.**

Z. Chajoth. Heronische Näherungsbrüche. 130-135. **III 9, IV 1; I 1.**

F. Hartmann. Miszellen zur Primzahltheorie. II. 135-141. **III 6; I 2.**

J. F. Steffensen. Das Restglied der Cotesschen Formel zur numerischen Integration. 141-143. **IV 17; C 2 j.**

J. M. Angervo. Einige Vereinfachungen bei numerischer Quadratur und Differentiation. 144-159. **IV 17; C 2 j.**

G. Pólya. Über einen Satz von Myrberg. 159. **IV 4; $\bar{\text{D}}$ 3.**

A. Ostrowski. Mathematische Miszellen. XVII: Notiz zu einem Satz von H. Bohr. 160-165. **IV 4; $\bar{\text{D}}$ 3.**

E. Rothe. Über eine Verallgemeinerung der Besselschen Funktionen. 166-173. **IV 6 B; H 5 i α.**

F. Tricomi. Über die Summe mehrerer zufälliger Veränderlichen mit konstanten Verteilungsgesetzen. 174-179. **IV 16; J 2.**

G. Aumann. Eine Bemerkung über Zerlegungsräume. 180-182. **V 2; J 5 d.**

H. Weyl, L. Bieberbach, O. Blumenthal, H. Hasse. David Hilbert zum siebzigsten Geburtstag am 23. Januar 1932. 67-68 kursiv. **I 1; V 9.**

Journal für die reine und angewandte Mathematik. 168, 4.

O. Taussky. Über eine Verschärfung des Hauptidealsatzes für algebraische Zahlkörper. 193-210. **III 5; B 12.**

J. F. Koksma, J. Popken. Zur Transzendenz von e^{π}. 211-230. **III 8; I 24 c.**

U. Wegner. Ein Satz über die Zerlegung von Primzahlen bestimmter arithmetischer Progressionen in algebraischen Zahlkörpern. 231-232. **III 5, 7; B 12, I 22 d.**

O. Ore. Formale Theorie der linearen Differentialgleichungen. II. 233-252. **IV 9; H 4.**

169, 1.

S. Bergmann. Über die Kernfunktion eines Bereiches und ihr Verhalten am Rande. I. 1-42. **IV 4; $\bar{\text{D}}$ 5.**

H. W. E. Jung. Algebraische Funktionen von zwei Veränderlichen. D. Doppelintegrale zweiter Gattung. 43-60. **IV 6 C; D 6.**

K. Mahler. Ein Beweis der Transzendenz der P-adischen Exponentialfunktion. 61-66. **III 9, 5; I 23, B 12.**

Mathematische Annalen. 107, 4.

O. Perron. Quadratische Zahlkörper mit Euklidischem Algorithmus. 489-495. **III 6; I 22.**

R. de Possel. Sur quelques propriétés de la représentation conforme des domaines multiplement connexes, en relation avec le théorème des fentes parallèles. 496-504. **IV 5; $\bar{\text{D}}$ 4.**

F. Rellich. Zur ersten Randwertaufgabe bei Monge-Ampèreschen Differentialgleichungen vom elliptischen Typus; differentialgeometrische Anwendungen. 505-513. **IV 13; D 4 c.**

M. Fitting. Die Theorie der Automorphismenringe Abelscher Gruppen und ihr Analogon bei nicht kommutativen Gruppen. 514-542. **III 5; B 12, J 4.**

W. Threlfall, H. Seifert. Topologische Untersuchung der Diskontinuitätsbereiche endlicher Bewegungsgruppen des dreidimensionalen sphärischen Raumes. II. 543-586. **V 2; J 5 d.**

D. van Dantzig. Zur topologischen Algebra. I: Komplettierungstheorie. 587-626. **III 5, V 2; B 12, J 4, 5 d.**

A. Kokotsakis. Über bewegliche Polyeder. 627-647. **VI 2; O¹ 8.**

Berichtigung zu der Arbeit von Myron Mathisson: „Eine neue Integrationsmethode für Differentialgleichungen von normalem hyperbolischem Typus", dieser Band, S. 400-419. 648. **IV 14; H 9 d.**

Mitteilungen des Mathematischen Seminars der Universität Gießen. 21, 22.

W. Kraus. Über den Zusammenhang einiger Charakteristiken eines einfach zusammenhängenden Bereiches mit der Kreisabbildung. **21**, 1-29. **IV 13, 5; D 4 c α.**

F. Wilhelm. Über Kurvenscharen im gewöhnlichen Raume. **22**, 1-29. **V 6 B; O¹ 8.**

Physikalische Zeitschrift. 33, 23-24.

R. Becker. Elastische Spannungen und magnetische Eigenschaften. 905-913. **VII 1, 3; T 6, 1 c.**

R. Gans. Ferromagnetische Einkristalle. 924-928. **VII 1, 3; T 6, 1 c.**

H. Falkenhagen. Zur elektrostatischen Theorie der Frequenzabhängigkeit der Ionenbeweglichkeiten und der Dielektrizitätskonstanten in gemischten Lösungen starker Elektrolyte. I: Allgemeine Theorie. 941-945. **VII 1; T 5.**

H. Kohn. Umkehrmessungen an Spektrallinien zur Bestimmung der Gesamtabsorption und der Besetzungszahlen angeregter Atomzustände. 957-963. **VII 3; T 3 f.**

Sitzungsberichte der Berliner Mathematischen Gesellschaft. 31.

H. Zeitz. Neue Beweise einer elementaren Abschätzung der *n*-ten Primzahl. 4-8. **III 6; I 9.**

G. Scheffers. Zum Nachweis der Schiebungsflächen. 9-11. **V 6 B; O¹ 5.**

G. Haenzel. Dis Gerade-Kugel-Abbildung der linearen Strahlenkongruenz. 12-16. **V 5 E; N² 1.**

G. Hamel. Berechnung des vollständigen elliptischen Integrals dritter Gattung für große Werte des Moduls. 17-22. **IV 6 D; C 2 d.**

H. Jonas. Über die Verwendung eines Spiegelungsprinzips zur Erzeugung der Guichardschen Transformation der auf Mittelpunktsflächen zweiten Grades abwickelbaren Flächen. 23-42. **V 6 B; P¹ 6.**

K. Zarankiewicz. Über eine Eigenschaft des Konvergenzkontinuums. 43-45. **II; J 5 b.**

M. Brelot. Über die Singularitäten der Potentialfunktionen und der Integrale der Differentialgleichungen vom elliptischen Typus. 46-54. **IV 13; H 10 d α.**

G. Haenzel. Euklidische Geometrie, nichteuklidische Geometrie und Raum-Zeitstruktur im Systeme Spinozas. 55-67. **I 2; V 1 f.**

Sitzungsberichte der Mathematisch-naturwissenschaftlichen Abteilung der Bayerischen Akademie der Wissenschaften zu München. 1932, 2.

J. Lense. Über die konforme Abbildung durch die Besselfunktionen. 61-70. **IV 5, 6 B; D̄ 4, H 5 l α.**

O. Haupt. Über die Struktur gewisser abgeschlossener Punktmengen. 71-78. **V 2; J 5 d.**

O. Perron. Über mehrfach transzendente Erweiterungen des natürlichen Rationalitätsbereichs. 79-86. **III 9; I 24.**

W. F. Meyer. Über die Natur der numerischen Koeffizienten in den expliziten Darstellungen der Potenzsummen durch die elementarsymmetrischen Verbindungen, und vice versa. 87-98. **III 6; I 25 b.**

C. Carathéodory. Die Theorie der zweiten Variation beim Problem von Lagrange. 99-114. **IV 15; J 8.**

S. Finsterwalder. Die Hauptaufgabe der Photogrammetrie. 115-131. **V 4; K[1] 23.**

Sitzungsberichte der Preußischen Akademie der Wissenschaften. Physikalisch-mathematische Klasse. 1932, XXVI-XXXI.

H. Ertel. Allgemeine Theorie der Turbulenzreibung und des „Austausches". 436-445. **VI 4 B; S 2 c.**

W. Feller. Allgemeine Maßtheorie und Lebesguesche Integration. 459-472. **II, IV 8 C; J 5 c, C 2 m.**

H. Reichenbach. Wahrscheinlichkeitslogik. 476-488. **I 2; V 1 b.**

Unterrichtsblätter für Mathematik und Naturwissenschaften. 38, 9-10.

H. Hermann. Zur Unterrichtsreform in der Elektrizitätslehre. 301-306. **I 8; V 1 a *ν*.**

K. Hahn. Zur Reform des Unterrichts in der Elektrizitätslehre. 306-310. **I 8; V 1 a *ν*.**

F. Berlage. Zu Hermanns Aufsatz über die Unterrichtsreform. 310-311. **I 8; V 1 a *ν*.**

J. E. Hofmann, P. Luckey. Bemerkungen zu dem Aufsatz von Herrn P. Luckey: Kreisberechnung ohne Wurzeln. 317-319, 319-320. **V 8; K[1] 21.**

H. von Baravalle. Aus dem mathematischen Unterricht an der Freien Waldorfschule. 320-321. **I 8; V 1 a.**

K. Bochow. 61 algebraische Funktionen dritten Grades mit rationalen Argumenten für die Null- und Extremstellen. 321-324. **IV 17; X 2.**

Günther. 92. Versammlung der Gesellschaft Deutscher Naturforscher und Ärzte in Wiesbaden und Mainz vom 25.-29. September 1932. 324-327. **I 1; V 10.**

H. Hofmann. Analytisch-geometrische Behandlung der Kegelschnitte vom Standpunkte der Konzentration. 337-341. **I 8; V 1 a *ν*.**

H. Walz. Elementarer Beweis für die Konstruierbarkeit des regelmäßigen 17-Ecks ausschließlich mit Zirkel und Lineal. 341-343. **III 8; I 8.**

H. Hermann. Die Ermittlung der Grammäquivalentladung in Wissenschaft und Unterricht. 354-356. **VII 1; T 1 c.**

F. Berlage. Experimentelle Ableitung der Formel $H = \varkappa n^2$ für Schwingmanometer im Unterricht. 360-361. **I 8; V 1 a *ν*.**

Zeitschrift für angewandte Mathematik und Mechanik. 12, 6.

H. Buchholz. Die zweipolige Drehfeldmaschine mit flachem Läufer. 321-342. **VII 1; R 9 d β, T 7.**

E. Melan. Der Spannungszustand der durch eine Einzelkraft im Innern beanspruchten Halbscheibe. 343-346. **VI 4 A; T 2.**

E. Lichtenstern. Die biegungsfeste Kegelschale mit linear veränderlicher Wandstärke. 347-350. **VI 4 A; T 2.**

K. Kreutzer. Die Stabilität des gedrückten Stabes. 351-368. **VI 4 A; T 2.**

H. Pollaczek-Geiringer. Zur Gliederungstheorie räumlicher Fachwerke. 369-376. **VI 3; R 4.**

H. von Schelling. Korrelationsmessung auf Grund der Anordnung der Beobachtungen. 377-380. **IV 16; J 2 e ε.**

R. Beyer. Bemerkungen zur Anwendung des Satzes von Coriolis. 381-382. **VI 2; R 1.**

M. Tolle. Beschleunigungsermittlung der sphärischen Bewegung mit Hilfe der darstellenden Geometrie. 382. **VI 8, V 4; R 7, K[1] 22.**

F. Apt. Nomogramm zur Bestimmung der komplexen Wurzeln einer beliebigen Gleichung vierten Grades. 382-383. **IV 17; X 8.**

Zeitschrift für Astrophysik. 5, 3-5.

M. Minnaert, A. J. M. Wanders. Zur Theorie der Sonnenflecke. 297-320. **VIII 2 C; U 11.**

S. Chandrasekhar. Some remarks on the state of matter in the interior of stars. 321-327. **VIII 2 C; U 11.**

E. A. Milne. Note on the boundary temperature of a star. 328-336. **VIII 2 C; U 11.**

E. A. Milne. The theory of stellar structure. II: Energy-generation. 337-347. **VIII 2 C; U 11.**

M. Kohler. Eine prüfbare Beziehung zwischen der Rotverschiebung und der scheinbaren Helligkeit an den außergalaktischen Nebeln. 374-376. **VIII 2 C; U 11.**

Zeitschrift für den physikalischen und chemischen Unterricht. 45, 6.

H. Matthée. Wilhelm Volkmann zu seinem sechzigsten Geburtstage. 241-247. **I 1; V 9.**

W. Volkmann. Zum Foucaultschen Pendelversuch. 261-264. **I 8; V 1 a ν.**

E. Waage. Über die Jupiterbahn und ihre elementare Bestimmung. 270-277. **VIII 2 B; Ū 9.**

Zeitschrift für mathematischen und naturwissenschaftlichen Unterricht. 63, 8.

F. Erhardt. Schriftsteller des Altertums im Mathematikunterricht des Gymnasiums. 361-358. **I 8; V 1 a.**

K. Marbe. Über mathematische Wahrscheinlichkeit und Erfahrung. 369-379. **IV 16; J 2.**

K. Münst. Ableitung der goniometrischen Grundformeln am ebenen Dreieck. 379-385. **V 8; K[1] 2, 20.**

P. Stern. Über Kraft und Kraftmessung. 385-389. **I 8; V 1 a ν.**

P. Luckey. Der Rauminhalt des ägyptischen Pyramidenstumpfes. 389-391. **V 8, I 1; V 1 a ζ, 2 c.**

H. Baron. Die Höhen im Kugeldreieck. 391. **V 8; V 1 a ζ.**

B. Kerst. Landeslehrplan für die höheren Schulen Sachsens vom 10. Mai 1932. 394-396. **I 8; V 1 a.**

H. Kahra. Was brachte die Berliner Funkausstellung Beachtenswertes für die Gestaltung des physikalischen Unterrichts? 396-398. **I 8; V 1 a ν.**

W. P. Westphal. Ein neuer Tafelzirkel mit ablesbarem Radius. 398. **IV 17; X 8.**

Zeitschrift für Physik. 79.

K. Bechert. Über die Sautersche Methode zur Lösung der Diracgleichung ohne Spezialisierung der Operatoren. 26-34. **VII 8; T 1 c.**

Annales de l'Institut Henri Poincaré. 3, 2.

R. v. Mises. Théorie des probabilités. Fondements et applications. 137-190. **IV 16; J 2 a.**

G. Darmois. La méthode statistique dans les sciences d'observation. 191-228. **IV 16; J 2 d.**

Annales de Physique. (10) 18, 5-6.

J. Cabannes. La symétrie des molécules et les spectres de diffusion. 285-328. **VII 8; T 8 f.**

Annales scientifiques de l'Ecole normale supérieure. (3) 49, 10-12.

H. Milloux. Quelques propriétés des fonctions entières d'ordre infini. Distribution de leurs valeurs. 311-350. **IV 4; $\overline{\mathrm{D}}$ 3 g.**

E. Cotton. Sur les intégrales dépendant de paramètres arbitraires. 351-382. **IV 8 B; C 2.**

Bulletin des Sciences mathématiques. (2) 56, 10-11.

G. Giraud. Généralization des problèmes sur les opérations du type elliptique. (III.) 316-352. **IV 18; $\overline{\mathrm{D}}$ 4 c.**

J. Lebel. Sur une représentation schématique du groupe des douze surfaces de Darboux. 363-366. **V 6 B; O^1 6.**

P. Viscensini. Congruences à surface moyenne plane et questions qui s'y rattachent. 366-384. **V 6 B; O^1 6 h, 7 a.**

Comptes rendus hebdomadaires des Séances de l'Académie des Sciences. 195, 18-26.

H. Girerd. Mesure des caractéristiques aérodynamiques d'une aile sustentatrice en courant plan. 731-733. **VI 4 B; S 5 c.**

L. Malavard. Sur le problème fondamental concernant l'aile d'envergure finie. 733-736. **VI 4 B; S 5 c.**

B. Gambier. Surfaces réglées algébriques et leurs singularités. 745-747. **V 5 E; M^2 7.**

Potron. Sur certaines transformations conformes dans un espace de Riemann. 747-749. **V 6 C; P^2 6.**

Vignaux. Sur la méthode de sommation de Riemann. 750-751. **IV 2; D 2 a η.**

N. Obrechkoff. Sur la sommation de la série trigonométrique de Fourier et de la série conjuguée. 752-754. **IV 8 D; D 1 b α.**

P. Papcovitch. Expressions générales des composantes des tensions, ne renfermant comme fonctions arbitraires que des fonctions harmoniques. 754-756. **VI 4 A; T 2.**

J. Haag. Sur l'amélioration de l'isochronisme des pendules par l'emploi de butées élastiques. 756-758. **VI 4 A; T 2.**

M. Kiveliovitch. Sur quelques cas particuliers du problème des trois corps avec chocs. 763-765. **VIII 2 B; $\overline{\mathrm{U}}$ 9 a.**

Y. Rocard. Sur la théorie de l'opalescence critique. 771-773. **VII 1; T 8 f.**

F. Perrin. Vie moyenne des noyaux atomiques activés. Cas probables d'impossibilité d'émission γ. 775-778. **VII 3; T 8 f.**

Potron. Sur les espaces de Riemann admettant un groupe de transformations isométriques à $n(n+1)/2$ paramètres. 850-852. **V 6 C; P^2 6.**

M. Brelot. Sur l'étude des singularités ponctuelles des fonctions sousharmoniques. 852-854. **IV 13; $\overline{\mathrm{D}}$ 4 c α.**

P. Humbert. Sur les fonctions de Bessel-intégrales. 854-855. **IV 6 B; D 6 e.**

D. Pompeiu. Sur un théorème, analogue à celui de Rouché, relatif aux zéros des fonctions holomorphes. 855-857. **IV 4; $\overline{\text{D}}$ 8.**

N. Apraxine. Machine à calculer mue électriquement. 857-858. **IV 17; X 5.**

B. Galerkin. Solution générale du problème de l'équilibre élastique d'un cylindre circulaire creux et d'une partie du cylindre. 858-860. **VI 4 A; T 2.**

R. de Fleury, H. Portier, S. Benmakrouha. Influences comparées et réciproques des valeurs individuelles, pour chaque alliage et pour chaque état d'alliage, du module d'élasticité, de la limite élastique et de la densité sur les dimensions des poutres et éléments de charpentes en flexion. 860-862. **VI 4 A; T 2 b.**

L. de Broglie. Sur le champ électromagnétique de l'onde lumineuse. 862-864. **VII 8; T 1 c.**

L. Goldstein. Sur la théorie quantique de la diffusion des électrons. 864-866. **VII 8; T 1 c.**

B. Gambier. Congruence de cercles; points focaux et surfaces focales. 928-930. **V 5 C, E; N² 8 a α.**

L. Chamard. Sur certaines points singuliers des ensembles isodistants d'un ensemble ponctuel. 930-932. **II; J 5 b.**

M. Brelot. Sur l'allure des fonctions sous-harmoniques au voisinage d'un point, singulier ou non. 932-934. **IV 13; $\overline{\text{D}}$ 4 c α.**

A. Denjoy. Sur les caractéristiques du tore. 934-936. **IV 9, V 6 B; H 2 a, O¹ 5 n.**

J. Devisme. Sur quelques applications des fonctions hypergéométriques. 936-938. **IV 6 A, B, 13; D 6 b, H 5 f α, R 5 c.**

G. Bourion. Sur une classe de séries de Taylor. 938-941. **IV 4; $\overline{\text{D}}$ 8 b α.**

R. L'Hermite. Pièces rectangulaires planes de faible épaisseur soumises à des pressions périphériques situées dans leur plan. 941-943. **VI 4 A; T 2.**

Y. Rocard. Sur la formation des ions négatifs d'après la mécanique quantique. 945-947. **VII 8; T 1 c.**

É. Cotton. Sur le mouvement irrotationnel d'un liquide limité par des parois mobiles indéformables. 987-990. **VI 4 B; S 2.**

N. Botea. Sur quelques équations aux dérivées partielles. 992-994. **IV 13; H 10 d α, 9 f.**

C. Desaint. Sur la transformation de $(p+q)^{\text{ième}}$ espèce pour les domaines d'existence. 994-997. **IV 4; $\overline{\text{D}}$ 8.**

J. Wolff, B. Grootenboer. Sur une propriété des dérivées d'une fonction à partie réelle positive. 997-998. **IV 4; $\overline{\text{D}}$ 8.**

D. Riabouchinsky. Sur l'analogie hydraulique des mouvements d'un fluide compressible. 998-999. **VI 4 B; S 3.**

L. Goldstein. Sur la conservation de la quantité de mouvement dans les processus de chocs d'électrons. 999-1002. **VII 8; T 1 c.**

A. Witt. Sur l'amorçage des oscillations de très haute fréquence. 1005-1007. **VII 1; T 7.**

B. Gambier. Intersection de deux courbes planes algébriques. 1057-1059. **V 5 C; M¹ 1.**

J. Devisme. Sur un espace quasi euclidien à trois dimensions attaché à l'équation de M. P. Humbert. 1059-1061. **V 6 C; O².**

M. Gevrey. Compléments à une note précédente sur les systèmes du type parabolique; problèmes aux limites non linéaires. 1061-1063. **IV 14; H 9 d.**

E. Guillaume, G. Guillaume. Sur la définition de l'unité de valeur. 1063-1066. **IV 16; J 2 g.**

R. Lucas. Sur la diffraction de la lumière par les ondes élastiques. 1066-1068. **VII 1; T 3.**

M. Brillouin. Fonctions sphériques multipolaires non antipodes. Récurrences. 1185-1188. **IV 6 B; D 6 f.**

M. Lalan. Sur les transformations asymptotiques des courbes minima. 1211-1213. **V 6 B; P¹ 6 f.**

P. Montel. Sur un théorème de Rouché. 1214-1216. **IV 4; $\overline{\text{D}}$ 8.**

G. Bourion. L'ultraconvergence dans certaines séries de fonctions analytiques. 1216-1218. **IV 4; $\overline{D}$ 8 m.**

J. Favard. Sur la structure topologique des continus rectifiables. 1218-1219. **V 2; J 5 d.**

V. A. Kostitzin. Sur une application géologique des équations différentielles. 1219-1222. **IV 9, VIII 1; H 2 e, U 7.**

D. Belorizky. Représentation de certaines fonctions par des séries particulières de polynomes. 1222-1224. **IV 4; $\overline{D}$ 8.**

V. G. Sladbey. Sur la détermination des trajectoires météoriques. 1232-1234. **VIII 2 B; $\overline{U}$ 9.**

R. Wavre. Sur les polydromies des potentiels newtoniens d'une famille de corps homogènes. 1238-1240. **VI 8; IV 13; R 5 a, $\overline{D}$ 4 cα.**

J. Drach. Sur l'intégration par quadratures d'une classe d'équations différentielles $d^2y/dx^2 = F(x, y)$. 1337-1342. **IV 9; H 1 c.**

P. Vincensini. Points focaux des cercles d'une congruence. 1359-1361. **V 6 B; N^2 8 aα.**

G. Giraud. Sur les équations non linéaires du type elliptique, théorème général et application. 1361-1363. **IV 13; $\overline{D}$ 4 c.**

Soula. Sur les équations intégrales de première espèce à limites fixes. 1363-1365. **IV 7; H 11 c.**

J. Schauder. Sur les équations aux dérivées partielles du type elliptique. 1365-1367. **IV 13; H 9 d.**

H. Auerbach. Sur les groupes bornés de substitutions linéaires. 1367-1369. **III 5; B 2.**

C. A. Garabedian. Plaque rectangulaire épaisse chargée uniformément dont les deux bords opposés ou moins sont appuyés. 1369-1371. **VI 4 A; T 2.**

M. Golaz. Remarques sur la viscosité de l'eau. 1371-1373. **VI 4 B; S 2 f.**

J.-L. Destouches. Remarques sur la théorie de la superquantification. 1374-1376. **VII 8; T 1 c.**

Th. De Donder. Linéarisation d'un $(ds)^2$ quelconque. 1381-1383. **VII 2; T 1 a.**

G.-A. Boutry. Sur le calcul d'un amplificateur de basse fréquence pour cellule photoélectrique. 1384-1387. **VII 1; T 3 d.**

Journal de Mathématiques pures et appliquées. (9) 11, 2-4.

L. Féraud. Stabilité et périodicité au voisinage d'un point d'équilibre. 109-130. **IV 9, VIII 2 B; H 1, $\overline{U}$ 9.**

G. Bouligand. Conditions pour la validité des théorèmes relatifs à la courbure des lignes tracées sur une surface. 131-141. **V 6 B; O^1 5.**

I. J. Schwatt. Finite expressions for the Bernoulli numbers obtained by the actual expansion of trigonometric functions by Maclaurins theorem. 143-151. **IV 6 A; D 6 c δ.**

B. N. Prasad. Contribution à l'étude de la série conjuguée d'une série de Fourier. 153-205. **IV 8 D; D 1 bα.**

J. Hadamard. Sur certaines propriétés des trajectoires en dynamique. 207. **VI 8; R 6.**

P. Delens. Métrique vectorielle et géométrie des sphères. 209-253. **V 6 C; O^2.**

P. Dienes. On the fundamental formulae of the geometry of tensor submanifolds. 255-282. **V 6 C; O^2.**

P. Alexandroff. Sur la notion de dimension des ensembles fermés. 283-298. **V 2; J 5 d.**

J. Lebel. Réseaux conjugués attachés aux développables des normales de certaines surfaces. 299-332. **V 6 B; O^1 5.**

A. Denjoy. Sur les courbes définies par les équations différentielles à la surface du tore. 333-375. **IV 9, V 6 B; H 2 a, O^1 5 n.**

B. Gambier. Cycles orthogonaux à une même sphère et configuration de Petersen-Morley. 377-387. **V 5 A; K^1 16.**

G. Giraud. Sur quelques problèmes de Dirichlet et de Neumann. 389-416. **IV 18; $\overline{D}$ 4 c.**

J. Herbrand. Sur les classes des corps circulaires. 417-441. **III 5; B 12.**

Le Journal de Physique et le Radium. (7) 3, 10-11.

W. Pauli, J. Solomon. La théorie unitaire d'Einstein et Mayer et les équations de Dirac. 452-463. **VII 2, 8; T 1 a, c.**

R. Lucas, P. Biquard. Propriétés optiques des milieux solides et liquides soumis aux vibrations élastiques ultra sonores. 464-477. **VI 4 A, B; VII 1; T 2, 8.**

G. Ribaud. La théorie du chauffage par courants induits de haute fréquence. 537-554. **VII 1; T 7.**

Revue de Mathématiques spéciales. 42, 12.

H. Pécheux. Calcul de la portion de surface de la sphère céleste assurant l'éclairement du centre de la paroi inférieure d'une chambre noire prismatique. II. 289-290. **VII 1; T 8.**

43, 1-3.

A. Labrousse. Sur les configurations Morley-Petersen. 313-316, 345-347. **V 5 A; K^1 16.**

M. Mussel. Configuration Morley-Petersen. Démonstration élémentaire. 369-371. **V 8; K^1 2.**

Revue de Métaphysique et de Morale. 39, 3-4.

J. Joergensen. Remarques sur les principales implications métaphysiques des théories et des idées récentes de la physique. 323-351. **I 2; V 1 f.**

D. Parodi. Le cheminement de la pensée selon M. Emile Meyerson. 387-415. **I 2; V 1 b.**

S. Zawirski. Les logiques nouvelles et le champ de leur application. 503-519. **I 2; V 1 b.**

R. Ruyer. Sur une illusion dans les théories philosophiques de l'étendue. 521-527. **I 2; V 1 f.**

Revue philosophique de la France et de l'Etranger. 57, 9-12.

J. Picard. Méthode inductive et raisonnement inductif. 397-436. **I 2; V 1 b.**

Nature. 130, 3288-3296.

J. C. McLennan. Prof. J. C. Fields, F. R. S. 688-689. **I 1; V 10 a.**

J. Baillie. Relations between pure and applied science. 726-728. **I 8; V 1 a.**

J. L. S. H., E. Shaw. Dr. William Garnett. 729-730; 814. **I 1; V 10 a.**

D. K. McCleery. Heat distribution in a uniform bar. 737-738. **VII 1; T 4.**

K. Clusius. Origin of the zero-point entropy. 775-776. **VII 1; S 4 a.**

G. Siva Rama Krishnan. Eddington's theory and physical constants. 776. **VII 8; T 1 c.**

R. O. Redman. Stellar radial velocities. 836-837. **VIII 2 C; U 11.**

F. M. Denton, W. Cramp. Dimensions of fundamental units. 892. **VII 1; T 1.**

A. S. Skapski. Spectrum of cosmic radiation. 893. **VIII 2 C; U 11.**

H. Falkenhagen, W. Fischer. Dependence of electrical conductance and dielectric constant upon frequency in mixtures of strong electrolytes. 928. **VII 8; T 1 c.**

W. J. C. Orr, J. A. V. Butler. Partial molecular polarisations in solutions. 930-931. **VII 8; T 1 c.**

T. E. James. The Cambridge Philosophical Society. 952-953. **I 1; V 1.**

G. Rumer. General transformation theory in Hilbertian space. 967. **IV 7, VII 8; J 4 g, T 1 a.**

E. Griffiths. Electrical and magnetic units. 987-989. **VII 1; T 1.**

F. Coles Philipps. Calculation of the reflectivities of sulphide ore minerals. 998. **VII 8; T 1 c.**

Proceedings of the London Mathematical Society. (2) 34, 6-7.

S. Chowla, A. Walfisz. On a trigonometric sum. 401-413. **III 8; I 10.**

K. Ananda Rau. On the convergence and summability of Dirichlet's series. 414-440. **IV 2; D 2 a η.**

S. Verblunsky. On the theory of trigonometric series. I-III. 441-456, 457-491, 526-560. **IV 3 D; D 2 b β.**

W. L. Edge. Octadic surfaces and plane quartic curves. 492-525. **V 5 C, E; M^1 6, M^2.**

Proceedings of the Royal Society of Edinburgh. 52, 4.

A. G. Walker. Relative coordinates. II. 347-353. **V 6 C; O^2.**

E. L. Ince. Tables of the elliptic-cylinder functions. 355-423. **IV 6 B, 12, 13, 17; D 6, H 9, X 2.**

E. L. Ince. Zeros and turning points of the elliptic-cylinder functions. 424-433. **IV 6 B, 12, 13, 17; D 6, H 9, X 2.**

Proceedings of the Royal Society of London A. 138, 834-835.

A. Eddington. Theory of electric charge. 17-41. **VII 8; T 1 c.**

G. I. Taylor. The viscosity of a fluid containing small drops of another fluid. 41-48. **VI 4 B; S 2 f.**

H. Jeffreys. On the theory of errors and least squares. 48-55. **IV 16; J 2 e α, β.**

W. O. Kermack, A. G. McKendrick. Contribution to the mathematical theory of epidemics. II: The problem of endemicity. 55-83. **IV 16; J 2 e.**

J. K. L. MacDonald. Theory of uncoupling and formulae for the Stark effect in H_2. 183-204. **VII 8; T 3 f.**

H. Jeffreys. On plasticity and creep in solids. 283-297. **VI 4 A; T 2.**

T. H. Havelock. The theory of wave resistance. 339-348. **VI 4 B; S 2.**

H. S. W. Massey. The passage of neutrons through matter. 460-469. **VII 8; T 3 f.**

The London, Edinburgh, and Dublin Philosophical Magazine and Journal of Science. (7) 14, 93-95.

G. S. Callendar. The reduction of platinum resistance thermometers to the international temperature scale. 729-742. **VII 1; S 4 a.**

N. W. McLachlan. The distribution of sound radiation from a sphere vibrating in various ways; with applications to loud speaker diaphragms. 747-758. **VI 4 A; T 2 c.**

A. Press. The Kaufmann-Bucherer experiments and a classical Einsteinian mass formula. 758-764. **VII 1, 2; T 1 a, 5.**

A. C. Burton. The experimental demonstration of the effects of coupling harmonic motions, as illustrating phenomena in quantum mechanics. 777-788. **VII 8; T 1 c.**

Ch. H. Lees, H. A. Nancarrow. Some improvements in the use of the Lees and Chorlton heat conductivity. 811-823. **VII 1; T 4 c.**

D. M. Wrinch. Applications of prolate spheroidal harmonics. 829-848. **VII 1, VI 4 B; T 5, S 2.**

E. Tyler, F. Watkin. Experiments with capillary jets. 849-881. **VI 4 B; S 2.**

A. F. Cornock. A simple numerical method for the treatment of elastic stability questions and similar „characteristic value" problems. 881-896. **VI 4 A; T 2.**

J. S. Mitchell. A note on Huygens' principle. 938-939. **VII 1; T 1.**

I. E. Viney. Generalizations of Maxwell's theory. 961-976. **VII 1; T 7.**

N. W. McLachlan. The acoustic and interia pressure at any point on a vibrating circular disk. 1012-1025. **VI 4 A; T 2.**

H. F. Winny. Rotary oscillation of a cylinder in a viscous fluid. 1026-1032. **VI 4 B; S 2 f.**

D. M. Wrinch. Some problems concerned with inverted prolate spheroids. 1061-1070. **VII 1; T 5.**

B. Topley. Reaction velocity in reversible systems $Solid_1 \rightleftharpoons Solid_2 + Gas$. 1080-1090. **VII 8; T 1 c.**

S. E. Green. Some aspects of the geometry of the Jamin refractometer. 1090-1102. **V 8; T 8 a.**

R. S. Bradley, J. Colvin, J. Hume. On reactions in solids. A comparison of the methods of deriving the energy of activation. 1102-1114. **VII 8; T 1 c.**

The Mathematical Gazette. 16, 218.

A. Eddington. The decline of determinism. Presidential address to the Mathematical Association, 1932. 66-80. **I 2; V 1 f.**

Discussion on entrance tests and initial degrees. 81-95. **I 8; V 1 a.**

Discussion on calculus and co-ordinate geometry at the school certificate stage. 96-110. **I 8; V 1 a.**

C. V. Boys. Square roots and others. 111-115. **IV 17; X 1.**

T. C. J. Elliott. Dashboard mathematics. 116-119. **I 8; V 1 a.**

K. D. Panday. Determination of the foci, directrices and axes of a conic whose equation is given with numerical coefficients. 120-121. **V 5 B; L^1 8, 7.**

F. Underwood. A class of homogeneous linear differential equations of the second order. 122-125. **IV 9; H 4.**

H. J. Curnow, N. R. C. Dockeray, P. J. Heawood, E. G. Hogg, G. J. Lidstone, H. V. Lowry, R. J. Lyons, H. E. Piggott. Mathematical notes (1022-1030). 126-134. **III 2, IV 1, 9, 17, V 5 B, D; D 1, H 8, J 1, L^1 8, 10, L^2 2, V 1 a λ, X 4.**

The Quarterly Journal of Mathematics. Oxford Series. 3, 12.

G. H. Hardy, J. E. Littlewood. Some integral inequalities connected with the calculus of variations. 241-252. **IV 15; J 8.**

P. Dienes. Notes on linear equations in infinite matrices. 253-268. **IV 7; B 1 e.**

E. Hopf. On certain integral equations. 269-272. **IV 7; H 11 c.**

L. Carlitz. On a problem in additive arithmetic. II. 273-290. **III 9; I 10.**

A. G. Walker. The second curvature of a sub-space. 291-298. **V 6 C; O^2.**

L. E. Lefevre. The theory of the oscillations of certain stellar models about their steady-state configurations. I. 299-317. **VIII 2 C; U 6, 11.**

J. L. Burchnall. A relation between hypergeometric series. 318-320. **IV 6 B; H 5 f.**

Annali di Matematica pura ed applicata. (4) 11, 1-2.

B. Segre. La geometria in Italia, dal Cremona ai giorni nostri. 1-16. **I 1; V 2 b.**

E. Cartan. Sur la géométrie pseudo-conforme des hypersurfaces de l'espace de deux variables complexes. 17-90. **IV 4, V 6 C; $\overline{D}$ 5, P^2 6.**

G. Ricci. Sui grandi divisori primi delle coppie di interi in posti corrispondenti di due progressioni aritmetiche. Applicazione del metodo di Brun. 91-110. **III 8; I 9.**

E. Bortolotti. Spazi proiettivamente piani. 111-134. **V 6 C; O^2.**

M. N. Cioranesco. Quelques nouveaux problèmes sur les fonctions harmoniques. 135-154. **IV 18; D̄ 4 c α.**

G. Vitali. Proiettività nello spazio hilbertiano. 155-179. **V 6 C; O².**

Archeion. Archivio di Storia della Scienza. 14, 2.

A. Mieli. Aristote savant. 169-182. **I 1; V 3.**

G. Loria. Di alcuni aspetti sotto cui presentansi le ricerche storiche nel campo matematico. 198-206. **I 1; V 2 a.**

E. Fettweis. Über das Verhältnis des mathematischen Denkens zum mystischen Denken auf niederen Kulturstufen. 207-220. **I 1; V 2.**

M. Gliozzi. L'invenzione della camera oscura. 221-229. **I 1; V 2 b.**

A. N. Meldrum. Lavoisier's work on the nature of water and the supposed transmutation of water into earth (1768-1773). 246-247. **I 1; V 8.**

G. Testi. Su una lettera inedita di Luigi Volta recentemente rinvenuta. 248-250. **I 1; V 9.**

M. Speter. A. N. Meldrum und seine drei „Noten" Lavoisiers aus dem Jahre 1772. 251-252. **I 1; V 8.**

A. N. Meldrum. Two men at work on the same subject. 252-253. **I 1; V 8.**

M. Gliozzi. Giuseppe Peano (27 augusto 1858—20 aprile 1932). 254-255. **I 1; V 10 a.**

P. Brunet. Guillaume Bigourdan (1851-1932). 256. **I 1; V 10 a.**

P. Brunet. Au centre international de synthèse. L'encyclopédie et les encyclopédistes. 257-258. **I 1; V 8.**

L'Enseignement de l'histoire des sciences. III. 260-270. **I 3; V 1 a.**

Atti del Congresso internazionale dei Matematici. Bologna 3.-10. 9. 1928. 6.

L.-G. Du Pasquier. Sur les nouveaux fondements philosophiques et mathématiques du calcul des probabilités. 5-20. **IV 16; J 2 a.**

F. M. Urban. Das Mischungsproblem des Daniel Bernoulli. 21-25. **IV 16; J 2 b.**

C. A. Dell'Agnola. Intorno alle successioni di variabili casuali discontinue tendenti ad una variabile casuale limite. 27-34. **IV 16; J 2.**

J. Neyman. On methods of testing hypotheses. 35-41. **IV 16; J 2 a, d.**

M. Castellani. Sulla rappresentazione in serie delle leggi di frequenza. 43-45. **IV 16; J 2 e.**

F. P. Cantelli. Sui confini della probabilità. 47-59. **IV 16; J 2.**

B. Hostinský. Sur les probabilités des effets qui dépendent d'une suite de transformations successives prises au hasard. 61-62. **IV 16; J 2.**

G. Pólya. Über eine Eigenschaft des Gaußschen Fehlergesetzes. 63-64. **IV 16; J 2 e α.**

F. Sibirani. Ricerca della massima probabilità nel problema delle prove ripetute nel caso di *m* eventi indipendenti di probabilità costante. 65-71. **IV 16; J 2 b.**

D. Arany. Sur la généralisation du problème de la durée du jeu pour trois joueurs. 73-75. **IV 16; J 2 c.**

E. Cavalli. Sulla probabilità degli errori. 77-81. **IV 16; J 2 e α.**

R. Kuzmin. Sur un problème de Gauss. 83-89. **IV 16; J 2 f.**

A. Guldberg. Sur la fonction Gamma. 91-93. **IV 6 A; E 1.**

R. A. Fisher. On a property connecting the χ^2 measure of discrepancy with the method of maximum likelihood. 95-100. **IV 16; J 2 d.**

V. Romanovsky. Sur la comparaison des moyennes des variables aléatoires dépendantes pour les épreuves indépendantes. 101-102. **IV 16; J 2 c.**

G. Vanni. Osservazioni sulle teorie della propagazione delle onde hertziane ed in particolare sulle teorie elettro e magneto-ioniche. 357-376. VII 1; T 7.

H. Levy. The extension of the Kármán vortex street to three dimensional flow. 377-381. VI 4 B; S 2 c.

L. Muzzioli. Considerazioni teoriche, ricerche sperimentali, sulla formazione e caduta di gocce d'inchiostro nei riguardi del „Logografo Muzzioli". 383-389. VI 4 A, B; S 2, T 2.

Ettore Bortolotti. I libri geometrici de „l'Algebra" di Rafael Bombelli da Bologna. 393-400. I 1; V 6.

Ettore Bortolotti. La pubblicazione delle opere matematiche di Paolo Ruffini. 401-405. I 1; V 9.

Ettore Bortolotti. La settima serie di „aggiunte alla Biblioteca Matematica di P. Riccardi". 407-408. I 1; V 9.

A. W. Stern. The role of mathematics in modern physical theory. 409-414. I 2; V 1 f.

G. Loria. Bombelli e Diofanto. 415-420. I 1; V 6, 7.

G. Loria. Quo vadimus? 421-426. I 1; V 2.

R. Marcolongo. Sullo stato attuale della pubblicazione italiana dei manoscritti di Leonardo da Vinci ed in particolare su quella del Codice Arundel. 427-430. I 1; V 6.

G. Albenga. La scienza delle costruzioni e Leonardo da Vinci. 431-432. I 1; V 6.

G. A. Plimpton. The history of elementary mathematics in the Plimpton library. 433-442. I 1; V 1 a α.

U. Cassina. Su due quesiti proposti da Cardano a Tartaglia. 443-448. I 1; V 6.

G. M. Sittignani. Sull' infinito matematico elementare. 449-454. I 2; V 1 b.

L. C. Karpinski. Early algorisms in French. 455-458. I 1; V 6.

T. Greenwood. Geometrical ontologism. 459-464. I 2; V 1 d.

R. C. Archibald. Georg Hermann Valentin (1848-1926). 465-472. I 1; V 10 a.

R. C. Archibald. Plans for reviving Bibliotheca Mathematica. 473. I 1; V 10.

A. Denizot. Sur un phénomène observé par Guglielmini à Bologne en 1791. 475-482. I 1; V 8.

N. N. Parfentieff. La philosophie de la nature chez N. J. Lobatcewski. 483-488. I 2; V 1 f.

D. Riabouchinsky. Valeur et origine d'un nombre. 489-498. I 2; V 1 c.

Q. Vetter. Rapporto sulle lettere indirizzate al dott. Taddeo Hagecius da Hayck, astronomo, medico, e matematico ceko, conservate a Breslavia. 499-501. I 1; V 6.

K. Rychlik. La théorie des fonctions de Bolzano. 503-505. I 1; V 9.

H. Husny. Sur l'histoire des mathématiques en Turquie. 507-509. I 1; V 4.

C. Bonacini. Nel primo centenario dalla fondazione dell'Osservatorio di Modena. 511-515. I 1; V 9.

P. Lanzavecchia. Sui limiti dell'attività dello spirito nella ricerca sperimentale. 517-522. I 2; V 1 f.

A. Blondel. Méthode graphique pour la résolution de l'équation générale du troisième degré et la discussion de l'équation différentielle du troisième ordre à coefficients constants et applications au problème des régulateurs. 523-537. IV 17; X 4.

A. Duranona y Vedia. Sobre el producto de una integral sumable C_δ por una integral absolutamente convergente. 539-543. IV 2; D 2 a η.

A. Narasinga Rao. Complex curves on a quadric surface. 545-548. V 5 D; L^2 18.

Atti della Reale Accademia delle Scienze di Torino. 67, 1-15.

M. Tognetti. Sulle omografie iperspaziali che sono funzioni razionali di una data. 7-28. V 5 A; P^2 1.

M. Gliozzi. Precursori del sistema metrico decimale. 29-50. I 1; V 7.

M. Cibrario. Su alcuni notevoli cambiamenti di variabili e sulle loro applicazioni ad alcune equazioni a derivate parziali di tipo iperbolico e parabolico. 85-105. IV 14; H 9 d.

G. Bouligand. Sur des applications dynamiques de l'intégrale de Stieltjes. 131-139. VI 8; R 8 f α.

M. Panetti. Costruzione geometrica del fuoco di un bipiano e dell' ala equivalente. 155-164. VI 4 B; S 5 c.

G. Arrighi. Introduzione alla geometria differenziale della superficie dei centri di carena. 194-202. V 6 B, VI 4 B; O^1 5, S 2.

G. Albenga. L'impiego dello sviluppo in serie di Mac Laurin nel calcolo di travi iperstatiche. 217-218. VI 8, 4 A; R 4, T 2.

C. Agostinelli. Sul movimento dei sistemi rigidi in uno spazio di n dimensioni. I-III. 219-236, 246-256, 256-266. VI 2; R 1 i.

E. Frola. Su di un sistema di calcolo per soletta su travi da essa indipendenti. 241-245. VI 4 A; T 2.

G. Wataghin. Sopra un metodo di modulazione della luce. 309-315. VII 8; T 8 f.

A. Rostagni. Sul comportamento dei gas ionizzati rarefatti in campi ad alta frequenza. 531-546. VII 1; T 7.

E. Perucca. Per la morte del Socio nazionale non residente Prof. Michele Cantone. 558-565. I 1; V 10 a.

Atti della Reale Accademia Nazionale dei Lincei. Rendiconti. Classe di Scienze fisiche, matematiche e naturali. (6) 16, 3-8.

G. A. Crocco. La stabilità nel volo strumentale. 71-77. VI 4 B; S 5 c.

G. Armellini. Alcuni teoremi sul problema dei due corpi di masse decrescenti. 77-81. VIII 2 B; $\overline{U}$ 9 a.

T. Boggio. Sulla curvatura delle linee delle varietà. 87-91. V 6 C; O^2.

H. Chapiro. Sur la transplantation du transport parallèle. 92-94. V 6 B; O^1 6 r.

L. Laboccetta. Sulla effettiva integrazione delle funzioni discontinue. II, III. II: Riduzione a tipi normali e integrali fondamentali. III: Funzioni periodiche. 95-101, 212-215. IV 8 C; D 1 a.

G. Lampariello. Sull' equazione delle vibrazioni trasversali di un' asta elastica sollecitata agli estremi. 102-105. IV 12, VI 4 A; H 9 f, T 2.

W. S. Urbański. Sur l'intégration des équations de Hamilton pour une durée de temps infinie. 105-108. VI 8, IV 12; R 6 b β, H 8 g.

V. Hlavatý. Invariants projectifs différentiels d'une courbe dans l'espace projectif P_{n-1} $(n \geqq 3)$. 109-114. V 6 C; O^2.

B. Segre. Sulle condizioni per la regolarità di un sistema lineare di forme. 114-120. V 5 F; N^7.

M. Cimino. Sulla legge delle aree di un moto einsteiniano considerato nell' ordinario spazio euclideo. 120-126. VII 2; T 1 a.

R. Einaudi. Sul comportamento magnetico della molecola di ossigeno. 133-139. VII 8; T 1 c.

P. Straneo. Intorno alla teoria unitaria a geometrizzazione assoluta. 139-141. VII 2; T 1 a.

G. C. Wick. Sul moto di un elettrone in un reticolo cristallino. 142-149. VII 8; T 1 c.

A. Cavinato. Dilatazione termica nei cristalli e legge di Haüy. 163-165. VII 1; T 4 a.

E. Fermi. Sulle bande di oscillazione e rotazione dell' ammoniaca. 179-185. VII 8; T 1 c.

M. Ghermanesco. Sur les polynômes orthogonaux à deux variables. 194-200. IV 6 A; H 5 f.

H. Hamburger. La transformation de Ribaucour et la représentation sphérique. II, III. II: Application de la transformation de Ribaucour à la représentation sphérique. III: Les systèmes cycliques de Ribaucour. 200-205, 296-298. V 6 B; P^1 5.

V. Hlavatý. Encore sur les invariants projectifs différentiels d'une courbe dans l'espace projectif P_{n-1} ($n \geqq 3$). 206-211. **V 6 C; O².**

M. Pastori. Tensori emisimmetrici coniugati. 216-220. **VII 2, V 6 C; T 1 a, O².**

E. Volterra. Elasticità vincolata e sua schematizzazione matematica. 220-222. **VI 4 A; T 2 a.**

M. Cimino. Sulla correzione einsteiniana del tempo in un moto planetario. 223-227. **VII 2; T 1 a.**

M. Kiveliovitch. Régularisation des chocs binaires pour des forces proportionnelles à l'inverse d'une puissance quelconque de la distance. 227-230. **VI 8; R 5.**

E. Martin. Metodo II° per il calcolo d'orbita di una binaria visuale. 231-236. **VIII 2 B; Ū 9.**

S. Cherubino. Sulla classificazione delle superficie iperellittiche dal punto di vista reale. 285-290. **IV 6 E, V 5 E; G 1 d.**

B. Colombo. Sopra un' equazione a derivate parziali del quarto ordine. 291-296. **IV 14; H 9 f.**

V. Hlavatý. Courbures projectives d'une courbe dans l'espace projectif P_{n-1}($n \geqq 3$). 299-304. **V 6 C; O².**

D. Mangeron. Sopra un problema al contorno per un' equazione differenziale non lineare alle derivate parziali di quarto ordine con le caratteristiche reali doppie. 305-310. **IV 12; H 9 f.**

M. Pastori. Proprietà dei tensori emisimmetrici coniugati. 311-316. **VII 2, V 6 C; T 1 a, O².**

B. Segre. Sulle superficie algebriche aventi il sistema canonico composto con un'involuzione. 316-320. **V 5 E; M³ 1.**

M. Pascal. Sul moto di un corpo deformabile che si mantiene simile a sè stesso. II: Centro istantaneo di velocità e conseguenze. 320-324. **VI 4 A; T 2.**

F. Zagar. Sopra la variazione della eccentricità nel problema dei due corpi di masse variabili. 324-328. **VIII 2 B; Ū 9 a.**

C. Cannata. Sopra un' estensione della formula di Woo. Intensità della luce diffusa da un elettrone in moto. 328-333. **VII 8; T 8 f.**

C. Dei. Sui circuiti che hanno una capacità in parallelo su un diodo in saturazione. 334-342. **VII 1; T 7.**

Il Nuovo Cimento. (2) 9, 8.

C. Codegone. In memoria di Benedetto Luigi Montel. 237-239. **I 1; V 10 a.**

C. Rimini. Circuito equivalente ad un sistema di due circuiti accopiati induttivamente. 240-250. **VII 1; T 7.**

D. Graffi. Alcune applicazioni del teorema di reciprocità della radiotelegrafia. 251-258. **VII 1; T 7 c.**

B. Giannelli. Sull' effetto della resistenza dell' aria sopra la deviazione dei gravi cadenti. 259-263. **VI 8; R 8.**

G. Petrucci. Su una bilancia gravimetrica e magnetica. 270-276. **VII 1; T 6.**

A. Campetti. Gli spettri di bande e l'isotopia. CLIII-CLXIV. **VII 8; T 8 f.**

L'Aerotecnica. 12, 3-10.

L. Poggi. Studio sulla manovra di cambiamento di rotta nei dirigibili. 524-542. **VI 4 B; R 9 d.**

G. Serragli. Considerazioni sui profili alari praticamente reversibili. 663-677. **VI 4 B; S 5 c.**

N. Galante. Circa la possibilità di un più ampio sviluppo nell' uso della proiezione gnomonica per il traccimento dell' ortodromia. 889-896. **VIII 1; U 10.**

G. Serragli. La deformazione di un vortice in stato di dissipazione. 1311-1321. **VI 4 B; S 2 f.**

Memorie della Reale Accademia d'Italia.
Classe di Scienze fisiche, matematiche e naturali. 3.

F. Severi. Alcune proprietà fondamentali dell' insieme dei punti singolari di una funzione analitica di più variabili. Mat. Nr. 1, 20 S. **IV 4; D̄ 5.**

A. Maroni. Sulle serie algebriche dotate di punti multipli variabili, appartenenti ad una curva algebrica. Mat. Nr. 2, 13 S. **V 5 C; N² 2.**

E. Kähler. Forme differenziali e funzioni algebriche. Mat. Nr. 3, 19 S. **IV 6 C, V 5 F; D 6 a, C 4, M⁷.**

A. Mambriani. Saggio di una nuova trattazione dei numeri e dei polinomi, di Bernoulli e di Euler. Mat. Nr. 4, 36 S. **III 6, IV 6 A; D 6 c δ.**

F. Severi. Un nuovo campo di ricerche nella geometria sopra una superficie e sopra una varietà algebrica. Mat. Nr. 5, 52 S. **IV 6 C, V 5 E, F; M², M⁷.**

G. L. Ricci. Complementi alla teoria statica degli archi piani a grande curvatura. Ing. Nr. 1, 18 S. **VI 4 A; T 2.**

A. Giannelli. Gli spostamenti elastici dei sistemi piani e le coniche di elasticità. Ing. Nr. 2, 54 S. **VI 4 A; T 2.**

R. Einaudi. Sopra l'equivalenza delle interpretazione corpuscolare-quantistica e ondulatoria-quantistica dell' elettricità negativa. Fis. Nr. 1, 30 S. **VII 8; T 1 c.**

E. Fermi. L'effetto Raman nelle molecole e nei cristalli. Fis. Nr. 3, 22 S. **VII 8; T 1 c.**

Metron. 9, 3-4.

C. Gini. Intorno alle curve di concentrazione. 3-76. **IV 16; J 2 d.**

G. Pietra. Dell' interpolazione parabolica nel caso in cui entrambi i valori delle variabili sono affetti da errori accidentali. 77-85. **IV 16; J 2 e α.**

S. S. Wilks. On the distribution of statistics in samples from a normal population of two variables with matched sampling of one variable. 87-126. **IV 16; J 2 d.**

B. de Finetti. Sulla legge di probabilità degli estremi. 127-138. **IV 16; J 2 d.**

A. N. Sčukarev. Über die Mechanik der Massenprozesse (Kollektivgegenstandlehre). 139-152. **IV 16; J 2 e.**

G. Cagno. Gli studenti dell' Università di Roma attraverso il tempo dal XVI. secolo ai giorni nostri. 153-227. **IV 16; J 2 d.**

P. Granville Edge. Early population records in Spain. 229-249. **IV 16; J 2 d.**

L. Meliadò. Il reddito privato degli Italiani nel 1928. 251-321. **IV 16; J 2 g.**

Reale Accademia d'Italia. Fondazione Alessandro Volta.
Atti dei Convegni. 1.

G. Marconi. Discorso inaugurale. 9-12. **VII 8; T 1 c.**

O. M. Corbino. L'Atomo e il nucleo. 13-22. **VII 8; T 1 c.**

N. F. Mott. On the present status of the theory of the electron. 23-32. **VII 8; T 1 c.**

S. Goudsmit. Present difficulties in the theory of hyperfine structure. 33-49. **VII 8; T 1 c.**

G. Gamow. Quantum theory of nuclear structure. 65-81. **VII 8; T 1 c.**

N. Bohr. Atomic stability and conservation laws. 119-130. **VII 8; T 1 c.**

L. Rosenfeld. Über die quantentheoretische Behandlung der Strahlungsprobleme. 131-135. **VII 8; T 8 f.**

A. Sommerfeld. Vereinfachte Ableitung des Thomas-Faktors. 137-141. **VII 8; T 1 c.**

A. Sommerfeld. Über den Packungseffekt. 155-157. **VII 8; T 8 f.**
R. H. Fowler. Γ-rays and a possible model nucleus. 159-165. **VII 8; T 8 f.**

Scientia. 52, 11-12.

Ettore Bortolotti. La propagazione della scienza attraverso i secoli. 273-286. **I 1; V 2.**

Japanese Journal of Astronomy and Geophysics. 9, 3; 10, 1.

N. Kumagai. Investigations on gravity variometer method in underground. 9, 141-206. **VIII 1; U 10.**
S. Miyahara. A study of the theory of tides. 10, 15-49. **VIII 1; U 10.**

Japanese Journal of Mathematics. 9, 2.

Y. Akizuki. Bemerkungen über die Existenz des Einheitselements in Ringbereichen. 87-102. **III 5, 7; B 12, I 22 d.**
K. Haratomi. On a topological problem. 103-110. **V 2; J 5 d.**
Z. Suetuna. Über die approximative Funktionalgleichung für Dirichletsche L-Funktionen. 111-116. **IV 4; D 6 l.**
S. Watanabe. Formes spatiales de l'espace elliptique. 117-134. **V 1; Q 1.**
H. Nakano. Über den Konvergenzbereich einer zweifachen Potenzreihe und seine Anwendungen. 135-144. **IV 4; $\overline{\mathrm{D}}$ 5.**
K. Yosida. On the asymptotic property of the differential equation $y'' + H(x) . y = f(x, y, y')$. 145-152. **IV 9; H 4.**
T. Kitagawa. An application of Prof. Perron's existence-theorem for a differential equation $\frac{dy}{dx} = f(x, y)$. 153-160. **IV 9; H 2.**

Journal of Science of the Hiroshima University A. 2, 3.

F. Maeda. On kernels of set functional and point functional transformations. 159-174. **IV 7; H 11.**
F. Maeda. Covering theorems with respect to the set function in metric space. 175-180. **IV 8 C, II; J 5 c.**
S. Mori. Struktur des Sonoschen Ringes. 181-194. **III 5, 7; B 12, I 22 d.**
S. Mori. Über Sonosche Reduktion von Idealen. 195-206. **III 7; I 22 d.**
T. Iwatsuki, Y. Mimura. An attempt at an extension of the Dirac operators in quantum mechanics. 207-212. **VII 8; T 1 c.**

Memoirs of the Faculty of Science and Agriculture. Taihoku Imperial University. 5, 3 (Mathematics 2).

S. Matsumura. Über Flächen und Kurven. I. 1-62. **V 2, 6 D; J 5 d, O^1 5, P^1 1 e.**
S. Matsumura. Beiträge zur Geometrie der Kreise und Kugeln. I. 63-142. **V 6 B; O^1 2, 5.**

Memoirs of the College of Science. Kyoto Imperial University. A. 15, 4.

K. Kitagawa. Théorie de l'écoulement des eaux souterraines. 203-214. **VIII 1; U 10.**
T. Nomitsu, M. Namba. On the distribution of bombs from a volcanic vent. 215-233. **VIII 1; U 10.**
H. Okamura. Recherches sur le degré de grandeur d'une certaine intégrale définie contenant un paramètre; leurs applications aux séries entières et à l'équation différentielle ordinaire. 235-266. **IV 8 C, 2, 4, 9; D 1 a, 2, $\overline{\mathrm{D}}$ 3, H 2 a.**

A. Kobori. Über sternige und konvexe Abbildung. 267-278. **IV 5; D̄ 4.**

A. Kobori. Über die notwendige und hinreichende Bedingung dafür, daß eine Potenzreihe einen Kreisbereich auf den schlichten konvexen oder sternigen Bereich abbildet. 279-291. **IV 5; D̄ 4.**

Proceedings of the Imperial Academy. 8, 8.

K. Yosida. On the distribution of a-points of solutions for linear differential equations of the second order. 335-336. **IV 9; H 4.**

H. Nakano. Über die Verteilung der Nullstellen von den Lösungen der Differentialgleichung $\frac{d^2w}{dz^2} + G(z) \cdot w = 0$ einer komplexen Veränderlichen. 337-339. **IV 9, 4; H 1, D̄ 8.**

A. Kawaguchi. Theory of connections in the generalized Finsler manifold. II. 340-343. **V 6 C; O².**

S. Takahashi. Über die notwendige und hinreichende Bedingung für die schlichte Abbildung des Einheitskreises. 344-347. **IV 5; D̄ 4.**

T. Hosokawa. Connections in the manifold admitting generalized transformations. 348-351. **V 6 C; O².**

O. Miyagi. Flow in a curved pipe and its stability. 352-353. **VI 4 B; S 2 f.**

Proceedings of the Physico-Mathematical Society of Japan. (3) 14, 2-10.

T. Takéuchi. Eelectrons in a gravitational field. 89-92. **VII 2; T 1 a.**

T. Shimizu. Miscellaneous remarks on power series. 112-124. **IV 4; D̄ 8.**

S. Kakeya. An extension of power series. 125-138. **IV 4; D̄ 8.**

S. Tomotika. The forces on a flat plate placed in a stream of fluid between two parallel walls. 139-167. **VI 4 B; S 2 e.**

S. Takenaka. On the expansion of analytic functions in generalized Taylor's series. 179-196. **IV 4; D̄ 8 b α.**

S. Tomotika. On certain problems of Dirichlet for an annular region, with special reference to hydrodynamical applications. 197-213. **IV 18, VI 4 B; D̄ 4 c, S 2.**

S. Oka. Das quantitative Grenzgesetz der Oberflächenspannung starker binärer Elektrolyte. 233-252. **VII 1; T 1 b α.**

Y. Akizuki. Bemerkungen über den Aufbau des Nullideals. 253-262. **III 7; I 22 d.**

S. Tomotika. The forces on a flat plate placed in a jet of fluid. 263-291. **VI 4 B; S 2 e.**

T. Takéuchi. Resistance at a vacuum junction. 296-298. **VII 3; T 1 c.**

S. Hokari. Sur une condition suffisante pour l'unicité de la solution d'une équation différentielle du $n^{\text{ième}}$ ordre. 299-303. **IV 9; H 1.**

K. Noshiro. On the multivalency of a limited function. 304-309. **IV 4; D̄ 8.**

S. Matsumura. A remark on imaginary elements in geometry. 310. **V 5 A; K¹ 6 c.**

S. Tomotika. The forces on a solid body placed in a jet of fluid. 311-340. **VI 4 B; S 2 e.**

K. Ochiai. Magnetic interaction of charged particles. 349-354. **VII 3; T 1 c.**

T. Sakai. On Dirac's new relativistic quantum mechanics. 355-362. **VII 3; T 1 c.**

M. Nakano. The secondary undulations in bays forming a coupled-system. 372-380. **VIII 1; U 10.**

K. Yosida. Some remarks on the theory of Fredholm's integral equations. 381-384. **IV 7; H 11 c.**

M. Abe. On the problem to cover simply and without gap the inside of a square with a finite number of squares, which are all different from one another. 385-387. **V 3; K¹ 8.**

K. Ochiai. Energy of configuration $(1s)^2 (2s)$. 388-396. **VII 8; T 1 c.**

T. Takéuchi. On some properties of the expanding universe. 397-398. **VIII 2 C; U 11.**

S. Oka. Über den Sättigungszustand einer Dipolflüssigkeit in der Umgebung eines Ions. 441-450. **VII 1; T 5.**

T. Shimizu. Professor Takurô Tamaru. **I 1; V 10 a.**

T. Morishima. Über die Fermatsche Vermutung. IX. 451-464. **III 6; I 19 b.**

M. Sasao. Reflection of a sound-wave from a circular plate. 510-521. **VI 4 A; T 2 e.**

T. Takéuchi. Eine Theorie der durch hydrostatischen Druck verursachten Änderung des Magnetismus der freien Elektronen. 522-523. **VII 8; T 1 c.**

T. Sakai. Bemerkungen zu der Okaschen Arbeit „Das quantitative Grenzgesetz der Oberflächenspannung starker binärer Elektrolyte". 524-526. **VII 1; T 1 b α.**

S. Oka. Bemerkungen zu meiner Arbeit „Das quantitative Grenzgesetz der Oberflächenspannung starker binärer Elektrolyte". 527-528. **VII 1; T 1 b α.**

S. Takenaka. On the expansion of integral transcendental functions in generalized Taylor's series 529-542. **IV 4; $\overline{\text{D}}$ 8 b α.**

S. Tomotika, M. Inanuma. On the moment of the force acting on a flat plate placed in a stream between two parallel walls. 543-569. **VI 4 B; S 2 e.**

S. Watanabe. The equation of motion of a viscous fluid accompanied by a „microgyrostatic field". 570-578. **VI 4 B; S 2 f.**

M. Sugita. Über die Thermodynamik der nicht reversiblen Erscheinungen. I, II. 579-591. **VII 1; S 4, T 7.**

M. Sanuki, I. Tani. The wall interference of a wind tunnel of elliptic cross-section 592-603. **VI 4 B; S 5 c.**

The Tôhoku Mathematical Journal. 36, 1.

J. I. Mayer. Projective description of plane quartic curves. 1-21. **V 5 C; M¹ 6.**

J. Karamata. Sur quelques inversions d'une proposition de Cauchy et leurs généralisations. 22-28. **IV 2; D 2 a.**

N. N. Ghosh. On the expansion of Θ in the mean-value theorem of the differential calculus. II. 29-33. **IV 8 A; C 1.**

C. Bell. On triangles in- and -circumscribed to two cubic curves. 34-40. **V 5 C; M¹ 5 e δ.**

G. Haenzel. Über die Trägheitsflächen des polaren Raumes. 41-49. **IV 17, VI 8; R 4 d.**

S. Kawai. An inequality on the closed convex curve. 50-57. **V 6 D; O¹ 2 a.**

H. Kamiya. Concerning Menger curves. 58-72. **V 2; J 5 d.**

J. Rey-Pastor. Zur Theorie der divergenten Reihen. 73-77. **IV 2; D 2 a.**

L. Toscano. Somma dei coefficienti binomiali le cui classi formano una progressione aritmetica ordinaria. 78-85. **III 1; A 1 c.**

S. P. Slouguinoff. Théorème (formule) de Stokes. 86-98. **V 6 B, C, 7; O¹, O², B 12 d α, g.**

T. Takahashi. Remarks on some inequalities. 99-106. **IV 8 C, 2; D 1 a, 2.**

S. Nakajima. Zur Differentialgeometrie der mehrdimensionalen Ellipsoide. 107-108. **V 6 D; O², P² 1.**

S. Nakajima. Differentialgeometrie der Kreisscharen. XIII. 109-112. **V 6 B; O¹ 5, 6.**

S. Matsumura. Sätze von Schottky und Landau bei Funktionen von zwei Veränderlichen. 113-115. **IV 4; $\overline{\text{D}}$ 5.**

S. Matsumura. Differentialgeometrie der Kreisscharen. XIV. 116-124. **V 6 B; O¹ 5, 6.**

S. Matsumura. Über zwei Flächen, welche eine Beziehung haben. V. 125-131. **V 6 B; O¹ 6.**

S. Matsumura. Über gemischte Volumina im vierdimensionalen Raum. 132-134. **V 6 D; O².**

T. Hayashi. On the treatment of regular polygons in the old Japanese mathematics. (Japanisch.) 135-181. **I 1; V 4 b.**

T. Hayashi. A theorem due to Rimei Ôhara. (Japanisch.) 182-188. **I 1; V 4 b.**

Euclides. 9, 2.

P. Wijdenes. De gelijkzijdige driehoek van Morley. 40-55. **V 8; K¹ 8 b.**

E. J. Dijksterhuis. Descartes als wiskundige. 57-76. **I 1; V 7.**

J. H. Schogt. Meetkunde voor M. U. L. O. 77-79. **I 8; V 1 a $\varkappa$.**

P. Wijdenes. De cyclometrische vormen. 80-88. **I 8; V 1 a.**

Uit het verslag van de Comissie van het Staatsexamen 1931. 91-95. **I 8; V 1 a.**

Koninklijke Akademie van Wetenschappen te Amsterdam. Proceedings. 35, 7-9.

C. S. Meijer. Asymptotische Entwicklungen von Besselschen, Hankelschen und verwandten Funktionen. III, IV. 948-958, 1079-1090. **IV 6 B; D 1 b γ.**

J. F. Koksma. Ein mengentheoretischer Satz aus dem Gebiete der diophantischen Approximationen. 959-969. **III 9; I 25.**

E. A. Weiß. Die Doppelfünfen von R. Weitzenböck und D. Barbilian. 969-973. **V 5 F; M⁷.**

R. de L. Kronig, H. J. Groenewold. On the Lorentz-Lorenz correction in metallic conductors. 974-978. **VII 8; T 1 c.**

R. Weitzenböck. Die projektiven Invarianten von vier Ebenen im R_5. 1026-1029. **V 6 C; O².**

W. Hurewicz. Über die henkelfreien Kontinua. 1077-1078. **V 2; J 5 d.**

J. de Vries. Involutionen auf der trinodalen biquadratischen Kurve. 1119-1121. **V 5 C, E; M¹ 6, M³ 5.**

J. de Vries. Involutionen auf der nodalen Kubik. 1121-1123. **V 5 C, E; M¹ 6, M³ 5.**

R. Weitzenböck. Über die Transversalen von vier Ebenen im R_5. 1123-1126. **V 6 C; O².**

C. S. Meijer. Über die asymptotische Entwicklung von

$$\int_0^{\infty - i(\arg w - \mu)} e^{\nu z - w \sin hz}\, dz \qquad \left(-\frac{\pi}{2} < \mu < \frac{\pi}{2}\right)$$

für große Werte von $|w|$ und $|\nu|$. I. 1170-1180. **IV 6 B; D 1 b γ.**

M. Pinl. Quasimetrik auf totalisotropen Flächen. 1181-1188. **V 6 C; O².**

S. Bergmann. Über die Nullstellen einer Funktion von zwei komplexen Veränderlichen. 1188-1194. **IV 4; $\overline{\text{D}}$ 5.**

Nieuw Archief voor Wiskunde. (2) 17, 3-4.

S. C. van Veen. Waarschijnlijkheidsproblemen bij dobbelsteenen. II. 209-239. **IV 16; J 2.**

J. Bouman. Over quaternionen en hunne toepassing in de meetkunde der vierdimensionale ruimte, 240-266. **V 5 F; B 12 e, g δ.**

G. H. A. Grosheide F. Wzn. Collineatie en invariante kegelsneden. 267-275. **V 5 A; P¹ 1 b.**

J. Ridder. Zwei Sätze bei approximativ stetigen Funktionen. 276-280. **IV 8 C; D 1 a.**

M. Scheffer. Over de omhullende van een stelsel vlakke krommen, die door een parametervoorstelling zijn gegeven. 281-286. **V 6 A; O¹ 2 f.**

M. J. van Driel. Toovervierkanten van 15 met twee roosters. 287-292. **III 2; X 10 a.**

A. J. J. Dubbeld. Über die kanonische Darstellung meromorpher Funktionen endlicher Ordnung. 293-296. IV 4; D 8 i.

O. Bottema. De cubische ruimtekrommen in de affiene differentiaalmeetkunde. 297-312. V 6 C; O².

J. F. Hufferman. Bemerkung zur Berechnung der Geraden auf der allgemeinen Fläche dritten Grades. 313-315. V 5 E; M² 8 d.

A. van Dop. Transformatie van een net met gelijke invarianten in twee andere, eveneens met gelijke invarianten. 315-321. V 5 F, 6 C; L³ 7.

J. F. Koksma. Approximationen reeller Zahlen mit Nebenbedingungen. 322-339. III 9; I 25.

J. Vel. Over de constructie van Brianchon. II. 340. V 5 B; L¹ 1 c α.

Nieuw Tijdschrift voor Wiskunde. 20, 1-2.

F. Schuh. Gegevens die een figur bepalen. 1-40. V 8; K¹ 21.

Schriftelijk examen L. O. 1932. 78-93. I 8; V 1 a.

Naschrift schriftelijk K I 1931. 94. I 8; V 1 a.

Verslag van eenige mondelinge examens K I in 1931. 94-104. I 8; V 1 a.

V. De ligging van het middelpunt van de negenpuntscirkel. 132-136. V 8; K¹ 2 c.

Physica. 12, 7-8.

M. de Haas. Dr. H. J. Oosting †. 225-228. I 1; V 10 a.

H. J. Oosting. Proeven met een eenvoudigen physischen slinger en een vraagstuk daarover. 229-233. VI 8; R 8.

J. Th. Groosmuller. Over de zichtbaarheid van sterren. 239-250. VII 1, VIII 2 C; T 8, U 11.

J. A. Vollgraff. De rol van den Nederlander Caspar Calthoff bij den uitvinding van het moderne stoomwerktuig. 257-268. I 1; V 7.

Norsk Matematisk Tidsskrift. 14, 3.

V. Brun. Gauß' fordelingslov. 81-92. IV 16; J 2 e α.

F. Karlsen. En opgave. 93-96. IV 6 A; D 6 b.

Mathesis Polska. 7, 1-6.

T. Radó. On polu powierzchni krzywych. 1-18. V 6 B; O¹ 5.

J. Miczyński. Wywód elementarny różnicy potencjałów w polu bieguna samotnego. 19-21. IV 18; H 10 d.

Stulecie odkrycia indukcji elektromagnetycznej przez Michała Faradaya oraz stulecie British Association. 22-26. I 1; V 9.

O. D. Kellogg. Nauczanie w Stanach Zjednoczonych A. P. (ze szczególnem uwzględnieniem matematyki). 37-49. I 8; V 1 a.

A. Zygmund. O pewnych zagadnieniach teorji szeregów trygonometrycznych. 49-58. IV 8 D; D 2 b β.

Albert A. Michelson. 59-60. I 1; V 10 a.

A. Soltan. Ugięcie promieni X a rozkład ładunku we wnętrzu atomu. 82-89. VII 8; T 8 f.

O. Nikodym. O dwóch stronach nauczania matematyki w szkole średniej ogólnokształcącej. 90-94. I 8; V 1 a γ.

Prace matematyczno-fizyczne. 39.

L. Infeld. Zur nichtholonomen Geometrie. 1-9. **V 6 C; O².**

A. Rosenblatt. Sur l'unicité des solutions des équations aux dérivées partielles du premier ordre. 15-17. **IV 12; H 8.**

P. Lévy. Sur quelques questions de calcul des probalités. 19-28. **IV 16; J 2 a.**

A. Rosenblatt. Sur la problème de la turbulence. 29-54. **VI 4 B; S 2 c.**

W. Ślebodziński. Sur les transformations isomorphiques d'une variété à connexion affine. 55-62. **V 6 C; O².**

A. Zygmund. Sur la théorie riemannienne de certains systèmes orthogonaux. II. 73-117. **IV 6 B; D 1 b γ, H 5 l α.**

V. Hlavatý, St. Gołąb. Zur Theorie der Vektor- und Punktkonnexion. 119-130. 119-130. **V 6 C; O².**

G. Vitali. Le varie derivazioni covarianti nel calcolo assoluto considerate como casi particolari di una medesima operazione. 131-134. **V 6 C; O².**

V. Jarník. Ein Existenzsatz aus der Theorie der diophantischen Approximationen. 135-144. **III 9; I 25.**

40, 1.

W. Ślebodziński. Sur la théorie des affineurs symétriques gauches et des invariants intégraux. (Polnisch mit französ. Auszug.) 1-46. **IV 8; C 4 a α, 5.**

M. Kerner. Gewöhnliche Differentialgleichungen der allgemeinen Analysis. 47-67. **IV 7; H 11, J 4 g.**

S. Lubelski. Über die Teiler der Form $x^2 + Dy^2$. II. 69-95. **III 7; I 22.**

Bulletin de Mathématiques et de Physique pures et appliquées de l'Ecole Polytechnique „Roi Carol II" Bucarest. 3, 2.

D. Barbilian. Beitrag zu einem Satz des Herrn Pompeiu. 87-97. **V 5 A; P¹ 1.**

E. Abason. Sur la moyenne des polynômes du troisième degré. 98-101. **IV 6 A; B 3 a.**

G. Mihoc. Sur la formule de la moyenne. 102-104. **IV 3 B, 16; C 2 h β, J 2.**

N. Vasilesco Karpen. Tension et répulsion des lignes de force. Energie du champ magnétique. 121-124. **VII 1; T 7.**

S. Fotino. Observations sur la section verticale longitudinale d'une salle de théâtre. 125-129. **VI 4 A; T 2 c.**

Helvetica Physica Acta. 5, 5.

P. Gruner. Anwendung der Optik trüber Medien. III: Beleuchtung inhomogener, gekrümmter Schichten. Theorie des Purpurlichtes. 351-361. **VIII 1; U 7.**

Vierteljahrsschrift der Naturforschenden Gesellschaft in Zürich. 77, 1-2.

F. R. Scherrer. Die Kreis- und Hyperbelfunktionen. Eine Vergleichung auf geometrischer Grundlage. 99-124. **IV 6 A; D 6.**

Recueil mathématique. Moscou. 39, 1-2.

V. S. Fédoroff. Sur une propriété caractéristique des fonctions monogènes. (Russisch mit französ. Auszug.) 5-14. **IV 4; D 3.**

A. K. Miniatoff. Über die Konstruktion der Interpolationsformeln. (Russisch mit deutschem Auszug.) 15-65. **III 8, IV 17; A 5.**

O. Schmidt. Neuer Beweis eines gruppentheoretischen Satzes von A. Kulakoff. (Russisch mit deutschem Auszug.) 66-71. **III 5; B 12.**

P. Raschewsky. Eine charakteristische Eigenschaft der Schar der geodätischen Linien des zweidimensionalen affin-zusammenhängenden Raumes. (Russisch mit deutschem Auszug.) 72-80. **V 6 C; O².**

J. R. Braitseff. Sur les points singuliers d'une fonction analytique définie par l'intégrale $\int_0^\infty f(t) z^t \, dt$. (Russisch mit französ. Auszug.) 81-104. **IV 4; $\overline{\text{D}}$ 8.**

Ch. M. Muschtari. Über das Rollen eines schweren Rotationskörpers auf einer unbeweglichen horizontalen Ebene. (Russisch.) 105-126. **VI 2; R 1.**

W. Stepanoff. J. O. Goldowsky und S. S. Levin. (Russisch.) 127-128. **I 1; V 10 a.**

Acta Mathematica. 59, 3-4.

J. G. van der Corput. Diophantische Ungleichungen. II: Rhythmische Systeme. Abschnitte A und B. 209-328. **III 9; I 19.**

P. J. Myrberg. Über die analytische Darstellung der automorphen Funktionen durch bedingt konvergente Reihen und Produkte. 329-372. **IV 6 F; G 6 a.**

R. Lagrange. Sur le calcul approché des intégrales définies. 373-422. **IV 8 B; C 2 j.**

J. J. Corliss. On the unsymmetric top. 423-441. **VI 8; R 8 a α.**

I. Johansson. Eine Repräsentation der zweireihigen Matrizen (und der Quaternionen) durch Geraden des Raumes. 443-453. **V 5 E; B 12 g γ.**

Annals of Mathematics. (2) 33, 3-4.

J. Levitzki. On normal products of algebras. 377-402. **III 5; B 12.**

W. A. Hurwitz. Definition of a field by four postulates. 403-405. **III 5; B 12.**

C. R. Adams. Note on multiple Dirichlet and multiple factorial series. 406-412. **IV 2, 4; D 2 a.**

R. P. Agnew. On deferred Cesàro means. 413-421. **IV 2; D 2 a η.**

G. F. Woronoi. Extension of the notion of the limit of the sum of terms of an infinite series. 422-428. **IV 2; D 2 a.**

R. E. Gilman. A remark on Nörlund's method of summation. 429-432. **IV 2; D 2 a η.**

R. E. Gilman. A class of functions continuous but not absolutely continuous. 433-442. **IV 8 C; D 1 a.**

R. L. Jeffery. Relative summability. 443-459. **IV 8 C; J 5 c.**

E. J. McShane. On the semi-continuity of double integrals in the calculus of variations. 460-484. **IV 15; J 8 c.**

I. J. Schoenberg. Some applications of the calculus of variations to Riemannian geometry. 485-495. **IV 15, V 6 C; J 8, O².**

H. P. Robertson. Groups of motion in spaces admitting absolute parallelism. 496-520. **V 6 C; P² 6.**

J. H. C. Whitehead. On duality and intersection chains in combinatorial analysis situs. 521-524. **V 2; Q 8.**

S. Lefschetz. On separable spaces. 525-537. **V 2; J 5 d.**

J. W. Alexander, L. W. Cohen. A classification of the homology groups of compact spaces. 538-566. **V 2; Q 8.**

J. v. Neumann. Über einen Satz von Herrn M. H. Stone. 567-573. **IV 7; J 4 g.**

J. v. Neumann. Einige Sätze über meßbare Abbildungen. 574-586. **IV 8 C, II; J 5 c.**

J. v. Neumann. Zur Operatorenmethode in der klassischen Mechanik. 587-642. **IV 7, VI 8; J 4 g, R 6, 10.**

M. H. Stone. On one-parameter unitary groups in Hilbert space. 643-648. **IV 7; J 4 g.**

G. A. Parkinson. Pairs of curves in an S_n. 649-657. **V 6 C; O².**

E. F. Beckenbach. The area and boundary of minimal surfaces. 658-664. **V 6 B, IV 5; O¹ 6 h, $\overline{\text{D}}$ 4.**

L. P. Eisenhart. Equivalent continuous groups. 665-670. **IV 8; J 4 f.**

S. S. Cairns. On the cellular subdivision of n-dimensional regions. 671-680. **V 2; Q 8.**

J. H. C. Whitehead. Locally homogeneous spaces in differential geometry. 681-687. **V 6 C; O².**

H. Whitney. The coloring of graphs. 688-718. **V 2; Q 3.**

G. A. Hedlund. Geodesics on a two-dimensional Riemannian manifold with periodic coefficients. 719-739. **V 6 C; O².**

W. F. Osgood. On the singular points in the problem of inversion. 740-746. **IV 5; D̄ 4.**

L. M. Graves. On the Weierstrass condition for the problem of Bolza in the calculus of variations. 747-752. **IV 15; J 3 a.**

J. L. Doob. On a theorem of Gross and Iversen. 753-757. **IV 4; D̄ 3 i.**

L. S. Bosanquet. On the summability of power series. 758-770. **IV 2; D 2 a η.**

B. N. Prasad. Non-summability of the conjugate series of a Fourier series. 771-772. **IV 2, 3 D; D 2 a η, 1 b α.**

A. F. Moursund. On a method of summation of Fourier series. 773-784. **IV 3 D; D 1 b α.**

F. Bohnenblust, E. Hille. Remarks on a problem of Toeplitz. 785-786. **IV 4; D̄ 5.**

N. Wiener. A note on Tauberian theorems. 787. **IV 2, 3 C, D; D 1, 2.**

G. D. Birkhoff. Note on a preceding paper. 788. **V 1; Q 1 a.**

J. v. Neumann. Zusätze zur Arbeit „Zur Operatorenmethode...“. **IV 7, VI 3; J 4 g, R 6, 10.**

Bulletin of the American Mathematical Society. 38, 9-11.

F. F. Decker. John Wesley Young. In memoriam. 603-610. **I 1; V 10 a.**

R. L. Wilder. Point sets in three and higher dimensions and their investigation by means of a unified analysis situs. 649-692. **V 2; J 5 b, d.**

D. H. Lehmer. An inversive algorithm. 693-694. **III 6; I 2 c.**

R. D. Carmichael. Note on triple systems. 695-696. **III 2, V 1; J 1, Q 1 d.**

E. T. Bell. Quadratic partitions. IV. 697-699. **III 8; I 10.**

L. D. Cummings. Heptagonal systems of eight lines in a plane. 700-702. **V 8; K¹ 9 a.**

A. A. Albert. A note on normal division algebras of order sixteen. 703-706. **III 5; B 12.**

B. A. Bernstein. On unit-zero Boolean representations of operations and relations. 707-712. **I 2; V 1 b β.**

W. Cauer. The Poisson integral for functions with positive real part. 713-717. **IV 4; D̄ 3.**

B. F. Kimball. Three theorems applicable to vibration theory. 718-723. **VI 4 A; T 2.**

D. H. Lehmer. A note on Fermat's last theorem. 723-724. **III 6; I 19 b.**

B. C. Wong. On certain characteristics of k-dimensional varieties in r-space. 725-730. **V 5 F; M⁷.**

H. L. Rietz. On the Lexis theory and the analysis of variance. 731-735. **IV 16; J 2 d.**

L. Carlitz. On polynomials in a Galois field. 736-744. **III 5; B 12.**

D. H. Lehmer. On Euler's totient function. 745-751. **III 6; I 2 c.**

H. S. Wall. On the relationship among the diagonal files of a Padé table. 752-760. **IV 17; X 2.**

E. Hille. Thomas Hakon Gronwall. In memoriam. 775-786. **I 1; V 10 a.**

Journal of Mathematics and Physics. 11, 3-4.

H. Poritsky. The field due to two equally charged parallel conducting cylinders. 213-217. **VII 1; T 7.**

W. Hovgaard. Ritz's electrodynamic theory. 218-254. **VII 1, 2; T 7, 1 a.**

G. P. Wadsworth. Systems of three linear partial differential equations of the third order. 255-272. **IV 12, 14; H 9 h.**

Journal of the Washington Academy of Sciences. 22, 9-19.

Obituary. 291-292, 388, 420, 496. **I 1; V 10 a.**

A. E. Kennelly. The work of Joseph Henry in relation to applied science and engineering. 293-310. **I 1; V 9.**

W. H. McReynolds. Some aspects of the classification of professional and scientific positions. 321-327. **I 8; V 1 a.**

A. J. Lotka. The growth of mixed populations; two species competing for a common food supply. 461-469. **IV 16; J 2 e.**

Proceedings of the National Academy of Sciences of the United States of America. 18, 11-12.

G. A. Miller. The commutator subgroup of a group generated by two operators. 665-668. **III 5; J 4.**

L. A. MacColl. On the distributions of the zeros of certain analytic functions. 669-671. **IV 4; $\overline{\mathrm{D}}$ 3.**

M. Fréchet. On the behavior of the n-th iterate of a Fredholm kernel as n becomes infinite. 671-673. **IV 7; H 11 c.**

N. H. McCoy. On the function in quantum mechanics which corresponds to a given function in classical mechanics. 674-676. **VII 3; T 1 c.**

M. Biot. Critical torsional oscillations of a rotating accelerated shaft. 682-689. **VI 4 A; T 2.**

G. A. Hedlund. Recurrent geodesics on any closed orientable surface of genus one. 712-713. **V 6 B; O^1 5 lα.**

W. J. Trjitzinsky. The general case of integro-Q-difference equations. 713-719. **IV 11; H 12.**

W. J. Trjitzinsky. A property of indefinitely differentiable classes. 719-722. **IV 4; $\overline{\mathrm{D}}$ 3.**

H. R. Brahana. Operators of order p^m in the group of isomorphisms of the abelian group of order p^n and type 1,1. 722-724. **III 5; J 4 d β.**

M. Morse, S. B. Littauer. A characterization of fields in the calculus of variations. 724-730. **IV 15; J 3.**

The American Mathematical Monthly. 39, 9-10.

Q. Vetter. Notation of decimal fractions in Bohemia. 511-514. **I 1; V 2 b.**

E. T. Bell. A Laplacian equation. 515-517. **IV 12; H 10 dα.**

S. S. Cairns. The direction cosines of a p-space in euclidean n-space. 518-523. **V 5 F; M^7.**

L. La Paz. Characteristic properties of the euclidean length integral. 524-527. **IV 15; J 3.**

R. S. Burington. A classification of quadrics in affine n-space by means of arithmetic invariants. 527-532. **V 5 F; M^7.**

R. Garver. A square root method and continued fractions. 533-535. **III 9; I 23.**

R. Goormaghtigh. On equilateral triangles. 535. **V 3; K^1 3 b.**

E. C. Kennedy. Concerning the solution of certain types of equations. 535-537. **IV 17; X 1.**

Collegiate mathematics needed in the social sciences. 569-577. **I 3; V 1 a.**

A. A. Bennett. Some relations in the geometry of the triangle. 577-578. **V 3; K^1 2 a, b.**

R. M. Winger. On certain projective trochoids. 578-589. **V 5 C; M^1 1.**

H. S. Uhler. A problem in integration. 589. **IV 8 B; C 2.**

C. O. Oakley. A note on determinants. 589-593. **III 2; B 1.**

B. F. Kimball. Proof by vector methods that every real surface with two sets of rulings is a quadric surface. 593-594. **V 6 B; O^1 5.**

C. E. Rhodes. A geometric interpretation of Landen's transformation. 594-596. **IV 6 D; F 5 e α.**

The Astrophysical Journal. 76, 4-5.

W. M. Cohn. Note on the origin of continuous cometary spectra. 277-285. **VIII 2 C; U 11.**

The Physical Review. (2) 42, 2-6.

C. W. Ufford, G. H. Shortley. Atomic eigenfunctions and energies. 167-175. **VII 8; T 1 c.**

L. P. Smith. Calculation of the quantum defect for highly excited *S* states of para- and orthohelium. 176-181. **VII 8; T 1 c.**

A. S. Coolidge. A quantum mechanics treatment of the water molecule. 189-209. **VII 8; T 1 c.**

N. Rosen, Ph. M. Morse. On the vibrations of polyatomic molecules. 210-217. **VII 8; T 1 c.**

E. E. Witmer. Unitary theory, pure number ratios and the masses of atomic nuclei. 316-317. **VII 2, 8; T 1 a, c.**

O. Laporte. The approximation of geometric optics as applied to a Dirac electron in a magnetic field. 340-347. **VII 8; T 1 c.**

G. Breit. The isotope displacement in hyperfine structure. 348-354. **VII 8; T 1 c.**

R. J. Kennedy, E. M. Thorndike. Experimental establishment of the relativity of time. 400-418. **VII 2; T 1 a.**

C. J. Gorter. Note on the electric field in paramagnetic crystals. 437. **VII 1; T 6, 7.**

D. R. Inglis. The Heisenberg theory of ferromagnetism. 442-443. **VII 1, 8; T 6, 1 c.**

G. E. M. Jauncey. Remarks on the scattering of *X*-rays by gases and crystals. 453-463. **VII 8; T 8 f.**

E. C. G. Stueckelberg. Theory of continuous absorption of oxygen at 1450 A. 518-524. **VII 8; T 8 f.**

Th. E. Sterne. The vapor pressure constant of methane. 556-564. **VII 8; T 1 c.**

C. M. Focken. Velocities of ions and electrons in pure gases. 577-578. **VII 8; T 1 c.**

C. J. Davisson, C. J. Calbick. Electron lenses. 580. **VII 8; T 1 c.**

J. R. Stehn. Note on perturbation theory of molecules formed from two 2 *p* atoms. 582-584. **VII 8; T 1 c.**

J. P. Vinti. The dispersion and absorption of helium. 632-640. **VII 8; T 8 f.**

L. Nedelsky. Radiation from slow electrons. 641-665. **VII 8; T 8 f.**

R. Schlapp, W. G. Penney. Influence of crystalline fields on the susceptibilities of salts of paramagnetic ions. II: The iron group, especially Ni, Cr and Co. 666-686. **VII 8; T 1 c.**

F. Bitter. Some properties of homogeneously distorted cubic ferromagnetic lattices. 697-708. **VII 1, 8; T 6, 1 c.**

D. G. Bourgin. The velocity of sound in an absorptive gas. 720-730. **VI 4 A, VII 8; T 1 c, 2.**

F. Bitter. The tropism of crystals. 731-732. **VII 8; T 8 f.**

R. T. Birge. The value of *e/m*. 736. **VII 8; T 1 c.**

E. O. Salant, J. E. Rosenthal. Theory of vibrational isotope effects in polyatomic molecules. 812-822. **VII 8; T 1 c.**

C. Kenty. On radiation diffusion and the rapidity of escape of resonance from a gas. 823-842. **VII 8; T 1 c.**

M. W. Zemansky. Note on the equivalent absorption coefficient for diffused resonance radiation. 843-847. **VII 8; T 1 c.**

P. W. Bridgman. The effect of homogeneous mechanical stress on the electrical resistance of crystals. 858-863. **VI 4 A, VII 1; T 2, 7.**

R. M. Bozorth. The theory of the ferromagnetic anisotropy of single crystals. 882-892. **VII 8; T 1 c.**

Register.

A. Algèbre élémentaire; théorie des équations algébriques et transcendantes; groupes de Galois; fractions rationnelles; interpolation.

B. Déterminants; substitutions linéaires; élimination; théorie algébrique des formes; invariants et covariants; quaternions, équipollences et quantités complexes; algèbre universelle.

C. Principes du calcul différentiel et intégral; applications analytiques; quadratures; intégrales multiples; déterminants fonctionnels; formes différentielles; opérateurs différentiels.

D. Théorie générale des fonctions et son application aux fonctions algébriques et circulaires; séries de développements infinis, comprenant en particulier les produits infinis et les fractions continues considérées au point de vue algébrique; nombres de Bernoulli; fonctions sphériques et analogues.

Errata.

S. 3, Zeile 26: **18**, 1-8 statt **18**, 1-7.
S. 8, Zeile 35: **33**, 1-4 statt **33**, 1-3.
S. 11, Zeile 10: **61**, 1-5 statt **61**, 1-4.
S. 15, Zeile 5: **Le Journal de Physique et le Radium** statt **Journal de Physique.**
S. 18, Zeile 28: **IV 15** statt **IV 16.**
S. 19, Zeile 12: (4) **12**, 1 statt **12**, 4.
S. 20, Zeile 44: **O. Bottema** statt **O. Boltema.**
S. 21, Zeile 16: **12**, 1-2 statt **12**, 1.
S. 23, Zeile 8: of the space Lp. statt of the space.
S. 27, Zeile 33: **K**[1] **13-19** statt **K**[2] **13-19.**
S. 33, Zeile 34: **A. van Hecke** statt **F. Kaisin.**
S. 54, Zeile 8: **E. Pikler** statt **P. Endre.**
S. 54, Zeile 38: $\overline{\mathbf{D}}$ **4** cβ statt **D 4** Cβ.
S. 57, Zeile 6: $\overline{\mathbf{D}}$ **4** c statt $\overline{\mathbf{D}}$ **4** e.
S. 75, Zeile 27: of the reaction $CuSO_4 \cdot 5H_2O = CuSO_4 \cdot H_2O + 5H_2O$ statt of the reaction.
S. 76, Zeile 29: **M**[2] **3 d** statt **M 3 d.**
S. 84, Zeile 17: einfügen Leipzig, B. G. Teubner.
S. 93, Zeile 19: **V 1 a** ι, $\varkappa$, statt **V 1 a**, ν, $\varkappa$.
S. 95, Zeile 40: **V 1 a** μ statt **VI 1 a** μ.
S. 121, Zeile 40: **F 7** cα statt **F 6** cα.
S. 130, Zeile 16: **7**, 3-4 statt **7**, 3.
S. 135, Zeile 43: **5**, 1-2 statt **5**, 1.
S. 138, Zeile 25: $\overline{\mathbf{D}}$ **4** cα statt $\overline{\mathbf{D}}$ **4 c a.**
S. 153, Zeile 9: **76**, 1-3 statt **76**, 1-2.
S. 154, Zeile 33: **T 1 c** statt **T 1 f.**
S. 157, Zeile 21: **V 1 a** ν, ξ statt **V 1** ν, ξ.
S. 159, Zeile 34: Sc. S.S.S.R. streichen; **T 1 a** statt **T 11.**

Der zweite Teil, das

Jahrbuch über die Fortschritte der Mathematik

enthält in der bisher im »Jahrbuch« üblichen Form die Referate. Dieser Teil bringt also eingehende Besprechungen sämtlicher periodischer und nichtperiodischer Veröffentlichungen auf dem Gebiete der Mathematik, Mechanik, mathematischen Physik (insbesondere der Relativitätstheorie und Quantentheorie) und Astronomie sowie der Geschichte, der Philosophie und Pädagogik der Mathematik. Ein Band des »Jahrbuchs« umfaßt jeweils die Literatur eines Jahres, und zwar in zwei Halbbänden, deren jeder durchgehend systematisch geordnet ist. Diese Anordnung ermöglicht einen raschen und vollständigen Überblick über die gesamten Publikationen in einem bestimmten Gebiet. Dem Schriftleiter steht ein Stab von etwa 200 Mitarbeitern zur Verfügung, unter denen sich zahlreiche bekannte Gelehrte des In- und Auslandes befinden. Jede Publikation wird, soweit irgend möglich, von einem Fachmann des betreffenden Gebietes bearbeitet. Zusammen mit der sachlichen Anordnung des Stoffes bedingt dieser Umstand die Einzigartigkeit des »Jahrbuchs« in der gesamten mathematischen Literatur der Welt. Dieser Teil erscheint pro Jahrgang in 6—7 Heften von je etwa 10 Bogen Umfang zum Preise von etwa RM. 1.80 pro Bogen.

Bisher sind erschienen:

Band 1—44 (Jahrgänge 1868—1913): Preise auf Anfrage

Band 45 (Jahrgang 1914/15)	RM. 75.—
Band 46 (Jahrgang 1916/18)	RM. 92.—
Band 47 (Jahrgang 1919/20)	RM. 74.—
Band 48 (Jahrgang 1921/22)	RM. 121.—
Band 49 (Jahrgang 1923)	RM. 77.—
Band 50 (Jahrgang 1924)	RM. 78.—
Band 51 (Jahrgang 1925)	RM. 100.—
Band 53 (Jahrgang 1927)	RM. 117.—
Band 54 (Jahrgang 1928)	RM. 135.—
Band 55 erster Halbband (Jahrgang 1929 I)	RM. 65.—
Band 56 erster Halbband (Jahrg. 1930 I) Heft 1—3 je	RM. 18.—

In Bearbeitung begriffen sind und werden rasch folgen:
Band 52 (Jahrgang 1926), Band 55 zweiter Halbband (Jahrgang 1929 II), Band 56 Heft 4 uff. (Jahrgang 1930), Band 57 (Jahrgang 1931).

Verlag Walter de Gruyter & Co., Berlin W 10 und Leipzig

C. W. Borchardts gesammelte Werke

Auf Veranlassung der Königl. Preuß. Akademie der Wissenschaften herausgegeben von G. Hettner. Mit dem Bildnis Borchardts. Quart. IX, 511 Seiten. 1888. RM 17.—

G. Lejeune Dirichlets Werke

Herausgegeben auf Veranlassung der Königl. Preuß. Akademie der Wissenschaften von L. Kronecker. 2 Bände.

I. Band. Mit Dirichlets Bildnis. Quart. X, 644 Seiten. 1889. RM 21.—

II. Band. Fortgesetzt von L. Fuchs. Quart. X, 422 Seiten. 1897. RM 18.—

Carl Gustav Jakob Jacobi, Gesammelte Werke

Auf Veranlassung der Königl. Preuß. Akademie der Wissenschaften. Quart. 7 Bände und 1 Supplementband. 1881—1891. RM 180.—

J. L. Lagrange, Mathematische Werke

Deutsch herausgegeben von A. L. Crelle.

I. Band. Die Theorien der analytischen Functionen. Oktav. CXXVIII, 694 Seiten. 1823. RM 6.—

II. Band. Vorlesungen über die Functionen-Rechnung. Oktav. XXII, 1023 Seiten. 1823. RM 6.—

III. Band. Theorie der Gleichungen. Vergriffen.

Jacob Steiner, Gesammelte Werke

Auf Veranlassung der Königl. Preuß. Akademie der Wissenschaften herausg. von K. Weierstraß. 2 Bände. Oktav.

I. Band. Mit 44 Figurentafeln und Steiners Bildnis. VIII, 527 Seiten. 1881. RM 16.—

2. Band. Mit 23 Figurentafeln. X, 743 Seiten. 1882. RM 18.—

Festschrift zur Feier des 20jährigen Bestehens der Calcutta Mathematical Society. Groß-Oktav. VIII, 310 Seiten. 1930. Geb. RM 20.—

Dieser stattliche Festband enthält 27 wertvolle Beiträge hervorragender Mathematiker aus Amerika, Deutschland, Frankreich, Großbritannien, Japan, Indien, Italien, Österreich, Polen, Rußland, der Schweiz und Ungarn.

Verlag von Walter de Gruyter & Co., Berlin W 10
Genthiner Straße 38

Kolibri 360 GmbH
Ferdinand-Jühlke-Straße 7
99095 Erfurt, Deutschland
produktsicherheit@kolibri360.de